JN044143

Portuguese Wine

ポルトガル・ワイン

山本博

Hiroshi Yamamoto

早川書房

ヴィーニョ・ヴェルデの緑のワイン

ヴィーニョ・ヴェルデのブドウ畑

ドウロ渓谷のテラス状のブドウ畑　© Wines of Portugal / ViniPortugal

ドウロ地方で収穫されたブドウの実

「大西洋の真珠」とよばれるマデイラ島に広がるブドウ畑

マデイラワインフェスティバルでラガール内で観光客に足ふみ圧潰されるブドウ

機械化されたロボットラガール
［木下インターナショナル提供］

トウリガ・ナシオナル（Touriga Nacional）

バガ（Baga）

マリア・ゴメス／フェルナン・ピレス
（Maria Gomes ／ Fernão Pires）
［4 点とも木下インターナショナル提供］

ローレイロ（Loureiro）

ポルトガル・ワイン

目次

はじめに　遠くて近かった国ポルトガル

地球儀を見なくてもわれわれの頭に入っているように、ユーラシア大陸の東端にあるのが日本、西のはずれにあるのがポルトガルである。奈良・平安以来ずっと中国の文化圏下にあった日本に、初めてヨーロッパ文明をもたらし、戦国・織豊・江戸時代を通じて日本をやがて近代国家にさせる役割を果したひとつの道具があった。弓と槍に代わった鉄砲で、「種ヶ島（種子島）」と呼ばれた。その由来が証明するように、沖縄を訪れたポルトガル人が流れ着いた鹿児島にもたらしたものだったと伝えられる。ヨーロッパ諸国の中でもアジアにおける先駆者そして覇者だったポルトガルは、香辛料をめぐる戦いに敗れて、その国家エネルギーを西アフリカと南米ブラジルに変えざるを得なかったため、アジアの支配者は英国とオランダにかわり、日本でもポルトガルの影響は姿を消す。しかし当時の日本人がポルトガルの文化に関心をもち、それを自家薬籠中のものにしようとしていたことは言葉のなかにも残っている（一七頁の表参照）。

ヨーロッパ文化のひとつと言えるワインについて言えば、初めて日本人でワインを飲んだのは、室町時代の公家日記である『後法興院記』に出てくる「カラサケ」が珍陀《チンタ》、これはポルトガルの赤ワイン、チンタのことらしい。もっと確かなのは豊臣秀吉（織田信長は飲みそこなった）と大友宗麟《そうりん》である。秀吉の側近石田三成などは堺の商人たちとしばしば「南蛮茶会」を開きワインを愛飲した。そのワインはなんとポルトガルのワインだった。しかし、その風習は徳川三〇〇年のいわゆる〝鎖国政策〟で姿を消すが、幕末になると蘭学者たちはチンタを飲むようになり、貝原益軒《えきけん》の『大和本草』に「チンタ」がちゃんと紹介されている。明治時代になり、岩倉訪欧使節団のおかげで明治政府は産業振興政策の一環としてワイン造りを推奨するが、食生活の違いから本格的ワインの生産は挫折する。その代わりに日本人が創造したのは、ポート・ワインのイミテーション「赤玉ポート」（サントリーの前身、壽屋洋酒店が開発した合成甘味飲料）である。それが日本人に本物のポートを誤解させる結果となった。またそれが本物の「ヴィンテージ・ポート」の卓越性に気がつく目を曇らせてしまった。

第二次世界大戦後、輸入ワインの中で最初に流行って人気を集めたのはヴィーニョ・ヴェルデの「マテウス・ロゼ」だったことは、当時は若かった老人《オジン》たちだったら覚えているだろう。

ポルトガル・ワインの歴史は古く、一時期は世界の三大ワイン生産国のひとつだった。それが近世になるといろいろな社会・経済的事情からワインの輸出が一時低迷し、「ポート」だけが名声を維持していた。なかでも、「ヴィンテージ・ポート」がその傑出ぶり故に世界でも指折りの名酒として尊重されたが、残念ながらそのほとんどが英国の上流階級で飲まれていたため、世界でもごく一部の愛飲家にしか知られていなかった。

日本でもポートを知る人は少なく、それも単に甘い赤ワインとしてしか知られていなかった。ポルトガルにはたいしたワインがないし、あっても売れないというのが業界の常識的認識だった。

ところが今は変わった。欧州共同体《EC》（現・欧州連合《EU》）加盟後、この国にも予想外の劇的な変化が生じている。そうしたポルトガル・ワインの現状を明らかにし、素敵なワインを造り出しているということを日本のワインの愛飲家に知ってもらいたいという切望が本書が書かれた目的である。ことに現在世界のワイン市場が激変している中で、新旧を問わずフランスを中心とする諸国でカベルネ・ソーヴィニヨンやシャルドネのような人気品種造りに勢力が集中しつつある。しかしその反動や反省も現われだしている。そうした中で、ことポルトガルが伝統的な国内品種を守り続けているのが異色《ユニーク》で、流行の見なおしの先駆者の見本であると言える。そうした健気さも是非知って欲しい。ポルトガル・ワインが不死鳥《フェニックス》のようにみごとに蘇生するのも決してひとり著者だけの夢でない。乞・ご声援！

山本　博

二〇二〇年十二月一〇日

日本語化したといわれるポルトガル語

balanço	ブランコ
biscoito	ビスケット
botão	ボタン
caramelo	キャラメル
calção	軽衫（カルサン）〈ももひき〉
canária〈canário の雌〉	カナリヤ
candeia	カンテラ
carta	カルタ、トランプ
capa	合羽、マント
confeito	金平糖
cristão	キリシタン
frasco	フラスコ
gibão	襦袢
jarro〈水さし〉	如雨露、ジョーロ
manto	マント
meias	メリヤス、靴下
oito〈数字の８〉	オイチョかぶ
órgão	オルガン
pão	パン
pinta	ピン〈さいころなどの１〉
raxa	羅紗（ラシャ）
sabão	シャボン、石鹸
saraça〈綿布〉	更紗（さらさ）
tabaco	煙草（たばこ）
tempero〈調味料、味つけ〉	天婦羅（てんぷら）
tutanaga〈中国の銅〉〔古語〕	とたん（板）
veludo	ビロード
varanda	ベランダ
vidro	ビードロ〈ガラス製品〉
zamboa	ザボン〈柑橘類の一種〉

第1章　ポルトガルにおけるワインの歴史

(1) 古代・ローマ時代からイスラム時代

西地中海の覇権を争ったポエニ戦争で、カルタゴ将軍ハンニバルを追い返し、勝利をかちとったローマは、イベリア半島を奪い取り、「ヒスパニア」として二つの属州にした。北部先住民ルシタニアの抵抗はあったものの、皇帝アウグストゥスの親征によって今日のポルトガルを含むイベリア半島全部は紀元前一九年から約四〇〇年「ローマの平和《パックス・ロマーナ》」を享受することになる。〝ローマ人のいるところワインあり〟で、ポルトガルにもワインが普及する。西暦五〇〇年に入るとゲルマン民族の一部、西ゴート族がローマに替わって支配することになるが、ワインは変わらない。ただ、ゴート族の王位継承をめぐる紛争の内乱のため、イスラム勢力の侵攻を許す。そして七〇〇年代の初頭から最北部ピレネー山脈地帯の一部をのぞき、全イベリア半島はイスラムの支配下に入り、ワイン不毛の時代に入る。

(2) レコンキスタ時代

七〇〇年代に残された最北部に「アストゥリアス王国」が誕生。一〇世紀のキリスト教勢力はアストゥリアスに代わった「レオン王国」がカスティーリャやアラゴン、ナバラ王国と連携して再征服レコンキスタに本格的に取り組む。「西方十字軍」と呼ばれたこの戦いに、フランス・ブルゴーニュの貴族レイモンとアンリが参加。そのうちアンリの息子アフォンソ・エンリケスがカスティーリャから分離独立してポルトガル王国を誕生させることになったのである。

（３）ポルトガル王国の誕生

八世紀におよぶイスラム支配を崩壊させたレコンキスタ運動の中で、ポルトガル誕生の地ミーニョ地方は、ドウロ河の河口のポルトを征服したヴィマラ・ペレスがポルトゥカーレ伯領として、ミーニョからドウロ一帯を二〇〇年にわたって支配する中で、アストゥリアス・レオン王国から半ば独立した独特の地域に発展していった。一一世紀の後半にはラメゴ・コインブラも征服した。一〇七二年カスティーリャ王になったアルフォンソ六世は、トレドを征服した後テージョ河以北も征服した。しかし新イスラム勢力ムラービト朝が再び北アフリカから侵入してきた。各キリスト王国に救援を求めた中で、これに応じて来たのがフランス・カペー王朝のレイモン・ド・ブルゴーニュだった。アルフォンソ六世の娘と結婚して、ガリシヤ・ポルトゥカーレ、コインブラ伯爵となる。更にレイモンの親族アンリ・ド・ブルゴーニュも六世の庶子テレサと結婚してレイモンから「ポルトゥカーレ伯爵」を引き継ぐ。かくしてイベリア半島西端部地帯が、スペインとは分離したポルトガル王国へと発展していったのである。そしてこの地はブルゴーニュのワイン造りの影響を受けつつワイン王国として育っていった。レイモンとアンリの死後、その相続領地継承をめぐって一波乱が起きるが、結局、ポルトゥカーレ軍がガリシヤ軍に決定的な勝利を収めると、アフォンソ・エンリケスが「ポルトゥカーレ伯」となり、首都をコインブラに移して、新生ポルトガル王国の基礎を造る。

と言うのは今日のスペインの基礎になったカスティーリャでは、その王がイベリア半島全部を支配する「イスパニア皇帝」として、その帝国の一部がポルトガルとして独立した王国になることを認めようとしなかったからである。テージョ河以南のイスラム支配を排除しようと苦労したエンリケスは、伝説にもなっているオーリッケの戦いで勝利し、以後王子《プリンシペ》でなく王《レックス》を公然と名乗ることになった。そしてローマ教皇を含む複雑な政争を克服し、一一四三年晴れて独立した王国になった。「アフォンソ一世」と名乗るようになったエンリケスは、イスラエルへ向かう英国十字軍の協力を求めてイスラム教徒との戦いをすすめ、金城鉄壁と評されていたリスボンを陥落させた。

イベリア半島の西端の新生ポルトガルは、東にスペイン、北は英国に挟まれた位置にある。このリスボン攻略を契機に、ポルトガルの発展を喜ばないスペインと対抗するため、英国との結びつきを重視するようになった。また、ディニス一世の治世期に、移動度の高い牧羊にかえて農業を重視する政策を打ち出し、開墾のための新しい村々がつくられた。

農産物の増加は商業の発展をうながし、ワインやオリーブ油などをフランスと英国に輸出する海外貿易も盛んになった。まさに中世におけるポルトガルの最盛期だった。と同時に国を囲む海と海運のためポルトガルは海軍を強化するようになった。それが進んで大航海時代の先駆になっていくのである。

（4）大航海時代

本書はワインの本であって歴史書でないから、ポルトガルにとって最も重要であった大航海時代を詳述することは避ける。ただ、海に面していたポルトガルがヴァスコ・ダ・ガマの喜望峰まわりのインド航路の発見をしたことと、コロンブスのアメリカ大陸の〝発見〟は、世界史を変貌させた大事件であった。英仏は百年戦争、カスティーリャ（スペイン）は王位継承戦争で手一杯というヨーロッパの大国が国内問題にとらわれていた空白が幸いして、小国であったポルトガルがアジア貿易とアジアの初期の覇権者になったのである。その後、海の国の雄であった英国、新興のオランダ（ポルトガルでカトリック教会の弾圧にあった新教徒たちの逃亡先）によって、アジア貿易の主導権を奪われることになる（というよりポルトガルは、アジア貿易より西アフリカ沿岸地帯との貿易と、新しく手に入れた南米ブラジル植民地との貿易に勢力をとられていた）。しかし金ならぬ銀の大国であった日本との仲介貿易（中国の絹と日本での銀の買いつけ）で、日本との交易は長く続いていた。

また一五八二年、九州のキリシタン大名の名代で「天正遣欧少年使節」をヨーロッパへ送り日本人最初の渡欧をさせたのは、ポルトガルのイエズス会ヴァリニャーノである。ちなみに、日本に最初にキリスト教を本格的に布教したのはポルトガル（スペイン）のイエズス会ザビエルである。これはあえて言うまでもないだろう。

ポルトガルが、皇帝アルフォンソ七世の容認でカスティーリャから分離独立した王国になったのは一一四三年だが（ローマ教皇から正式に認められたのは一一七九年）、スペイン王フェリペ二世（ポルトガルではフィリペ一世）から四世（同三世）まで六〇年間、ポルトガルを支配するフィリペ朝が続いた。一六四〇年、これに反抗する貴族たちの宮廷クーデターが起き、独立を認めないスペインと二八年間の戦いが続いた。スペイン軍の侵攻と戦うため英国に支援を求め、一六六八年ついにスペインにポルトガルの再独立を認めさせるのに成功した。

ヨーロッパ諸国が中世から脱却して近代に入るためにはルネサンス、宗教改革、大航海時代、そして絶対君主制の崩壊と産業革命というプロセスが必要だった。当然ポルトガルもそうした世界的潮流と無関係ではいられなかった。加えてポルトガルは、スペインと同じく大土地所有制（ラティフンディオ）からの解放という難問があった。本書ではこれらを詳述することはしない。ただ、ポルトガル特有の問題を指摘しておこう。

「ルネサンス」で言えば、大航海時代をリードしたポルトガルは、胡椒を中心とした香料貿易によって繁栄する。そうした社会情勢を背景に、イタリアのルネサンス文化がポルトガルにも導入され、多くの文明・文化が現われるが、顕著なのはマヌエル様式と呼ばれる華麗な建築物（ことに教会建築）であり、これは今日でも残っている。ただ、フランスのように理性を尊重する思想が中世の精神界を支配していたカトリック教会に大打撃を与え、それが大革命をよび起こし、さらに宗教戦争につながるということにはならなかった。むしろ、反動的な異端者の迫害は多くの新教徒をオランダに亡命させて国力衰退の原因になっただけでなく、ヨーロッパ諸国におくれをとることになった。

「絶対君主制」について言えば、最後の封建的国王アルフォンソ五世を継いだ「ジョアン二世」は、有力貴族の力をそいで王権の強化をはかり、絶対王政の確立に成功した。ただ諸事情が重なりフランスの太陽王ルイ一四世のような強力な王権は確立できなかった。

一五八〇年から約六〇年間三代にわたりスペインのフェリペ家が、再びポルトガルを支配する「スペインの捕囚」時代が続いた。その後、「ジョアン四世」が即位してポルトガル人の国王が生まれ、やっとポルトガル再独立が成功する。また巨大なポルトガルの植民地ブラジルは、砂糖産業で繁栄した（ブラジルという国の名前になった赤色染料材、蘇芳《パウ・ブラジル》という資源もあった）。奴隷貿易も、三角貿易の形成でブラジルを富ませることになった。

一七五〇年、「ジョゼ一世」が即位した頃、つまり一八世紀の後半になると、ヨーロッパ中央部は「啓蒙思想」が全盛期に入りつつあった。一世が信任したポンバル侯爵は保守的な貴族集団を弾圧して王の中央集権を強めると同時に「上からの近代化」を推進する。「国家内国家」の観を呈していたイエズス会の教会を破壊するためイエズス会士を追放、その財産を没収し、猛威を振るっていた異端審問所も有名無実のものにした（国外逃亡をしていた新キリスト教徒の資本を呼び戻す狙いもあった）。経済的には重商政策を推進するため商業評議会を設立し、ブルジョワジーの育成に務めた。また絹織物と毛織物の品質向上、ガラス工場や粗糖精製工場等を興して国内の「工業の保護・育成」に努めた。諸産業の発達の中でワインについて重要だったのは、ドウロ河上流地域の生産を管理し品質を向上させるためアルト・ドウロワイン会社を設立し、生産地を指定し指定地域以外のワインをポートワインとして輸出することを禁じたことである（ＡＯＣ〔原産地呼称〕制度のはしりである）。

一七五五年、「リスボン巨大地震」と津波に襲われ、人口一〇万もの都市は瓦礫の山と化したが、この災害も乗り越え、逆に再興都市計画によって近代的都市に甦った。

（５）近代化への胎動

フランス革命後、皇帝になったナポレオンは、歴史的に見ればごく短期間にヨーロッパを席巻した。そしてその仕上げに、敵対する英国を制覇するため大陸封鎖令を強行した。ポルトガルは、英国との同盟関係からこれに従わなかった。当然、ナポレオンはスペインに続いてポルトガルに攻めこんだ。しかし、ウェリントン公が率いる英国軍と合流し、見事にこれを敗退させたのである。ただ、いくつかの副産物が生まれた。三度にわたるナポレオン軍との戦いで国土は荒廃し、一八世紀から続いた経済的繁栄を喪失した。英国の圧力で調印した通商同盟条約で、ポルトガルが独占的に享受していた植民地との通商貿易の特権を失った。これは植民地体制の終焉を意味した。それだけでなくナポレオンの侵攻から逃れるため、王族・高級官僚がそっくりブラジルへ逃げたのである。これはポルトガル本国の政治的空白を生むと同時に、植民地ブラジルの地位を高めることになった。そしてフランス革命の余波がブラジルまで及ぶと、ブラジルにも紛争と政変が起き、それがブラジルの独立運動につながっていったのである。かくて結果としてポルトガルは、経済上重要だったブラジルを失うと同時に、国内産業の開発を重視しワインやオリーブなどの英国向け輸出に専念することになった。

(6) 現代のポルトガル

二〇世紀に入ると、「マヌエル二世」の即位とその直後の一九一〇年の「共和革命」によって二七〇年続いた王朝が終焉する。その時から始まる政党の自由化によって無数の政党が輩出する。一九一九年から一九二一年の三年間で、内閣が一八も変わるという政情の中で、軍部の政治介入も始まった。一九二八年になって、わずか一年で危機財政を克服し、「ポルトガルの救世主」とまで呼ばれた「サラザール」が一九三二年に首相となり、実権を握ると、以降その独裁が続く。しかし植民地の独立を防ぐ鎮圧戦争の泥沼で、戦費の投入のための財政の悪化は、国際世論の激しい批判をあびる。そうした中で、一九六八年、植民地に動員された軍部の留守をついた「スピノラ将軍」の無血革命（カーネーション革命と呼ばれる）が成功する。スピノラとゴメス将軍が各政党に呼びかけた挙国一致内閣が生まれ、三大政党（社会党、社会民主党、民主社会中央党。共産党とは対立）が協力して政権安定を図り、一〇の内閣が生まれたが基幹産業の国有化と農地改革を断行できた。さらに一九八三年の総選挙で、社会党が社会民主党との連立内閣で、八六年に念願の「EC加盟」に成功する。ポルトガルは、植民地解放という五〇〇年来の世紀的転換を図って、ヨーロッパの一員として生きる道を選択した。EC加盟によって、欧州開発基金や欧州投資銀行から巨額の「外資導入」ができることになった。これらの基金は、社会の近代化に不可欠のインフラ（基幹産業の民営化や高速道路建設など）を整備するのに投入された。

また外国企業の誘致についても、ドイツのフォルクスワーゲン社などの進出が始まった。こうした一連の経済活性化政策によって、ポルトガルはEC加盟の翌年から一九九一年までに年間約五％の経済成長を遂げ、これがこの国の社会を大きく変貌させることになった。

こうした多くの社会の変化によって、ワイン産業も変わりつつある。この国のワイン産業の発展は英国との関係ぬきで語ることができない。対スペインとの関係で、ポルトガルは英国との癒着が不可避だったが、ことワイン産業においてもそうだった。それを決定的にさせたのがメシュエン条約である。もともと一六六一年の友好通商条約によって数々の特権を得た英国商人は、工業製品をポルトガルに持ちこむと同時に、帰りにはワインを積んで二重の利益を得ていた。そのため、一六八〇年に一〇〇〇ピッパ（一ピッパは約五五〇リットル）しか輸出入していなかったのが、三年後に八〇〇〇ピッパに急増していた。それに加えて一七〇三年に英国とメシュエン条約が締結されたのである。英国は、フランスとの仲が険悪になると、その対抗手段としてこの条約を結んだ。ポルトガルが英国産の毛織物の輸入を認めると同時に、英国はポルトガル産のワインをフランス産ワインより三分の一安い関税で輸入することにした。下層階級の英国人はもっぱらビール飲みだったが、中上流階級の英国人はワイン好きだった。はじめは口に合わないポルトガルのワインを歓迎していなかった。しかしリスボンより英国に近い沿岸の港都ポルト市に英国商人たちが住みつき、ポルトで大西洋に注ぐドウロ河の上流地域をブドウとワインの大生産地にさせた。英国人はここのワインにブランディを加えると、味も良くなって強く、長期航海に耐えることに気がついて、このアル添ワイン（アルコール強化ワイン、英語でフォーティファイド・ワイン）にぞっこん惚れこむことになった。ポルト港からの出荷だったからポートワインと呼ばれるようになったこの酒精強化ワインは、ポルトガル産ワインだが、実際は英国人が育て発展させたものである。ことにポートの高級別格品である「ヴィンテージ・ポート」は英国貴族たちの独占飲料ワインで、ポルトガルの庶民は滅多に口にできなかった。品質の高尚さの故に世界の「クラシック・ワイン」の中に入れられているヴィンテージ・ポートは、稀覯品として珍重されてきたが、現在、社会の変化とポルトガル・ワインの急変貌のため、輸出品の中でのウエイトが低くなり、それに変わってドウロ沿岸のふつうのスティルワインが躍進しつつある。

第2章　ポルトガルの風土・気候

(1) 地勢：イベリア半島の西端に位置し、国土は南北に長い長方形をしている。大西洋上の二つの火山島群、アソーレス諸島とマデイラ諸島も領土に含まれる。東部は山岳地帯で、西部に海岸平野が広がっている。国のほぼ中央を横断するように東西にテージョ河が流れており、それを境として南と北では山々の景観が異なる。北で険しかった山脈は南に向かうにつれてなだらかになり、丘陵と見分けがつかなくなっていく。ポルト市には第二の河川であるドウロ河が流れている。ポルトガルの最高峰はアソーレス諸島ピコ島のピコ山で標高は二三五一ｍ、ここには世界遺産に登録されたブドウ畑がある。本土での最高地点は北部に位置するエストレーラ山脈中のトーレで標高は一九九一ｍである。国の南部と北部、大西洋に面した西側と、スペインと国境を接する山間部の東側とでは、気象、地勢に大きな違いがあり、ブドウの生育条件も大きく変わっている。

(2) 気候：基本的にスペイン中央部の大陸性とちがって海洋的性格を帯びる。ただ、北部と南部、東部と西部ではかなり違う。全体的に高温多湿でやや雨が多いが、太陽の恩恵も大きく、昼夜の寒暖差が大きい。大西洋岸は夏は涼しく、冬は降雪を含み、雨が多い。中部は夏は暑く、冬は寒い。年間降水量は五〇〇〜七〇〇㎜。南部は典型的な地中海性気候で、夏季の雨量が少なく年間降水量は五〇〇㎜を下回る。ほとんどの地域で、夏は二〇度を超え、冬は一〇度まで下がる。

(3) 土壌：北部と内陸では花崗岩質、粘板岩質、片岩質が主流。これに対して南部と海岸地方では、石灰岩、粘土質、砂質というように国全体で見ると実に多様。

（4）生産：ブドウ栽培面積は約一九・二万ヘクタールで、ワインの生産量は約六一〇万ヘクトリットル（二〇一八年）である。

［出典：International Organization of Vine and Wine; 2019 Statistical Report of World Vitiviniculture］

第３章　ポルトガルのブドウ

（1）ブドウ品種

ポルトガルのワイン造りの特徴は、他のヨーロッパ諸国がフランス品種をせっせと導入している中で、この国特有の品種を大切にしてきた点である。ポルトガルは固有のブドウ品種が実に多い。しかし、その一部だけが輸出ワイン用品種とされ、多くは各生産地でそれぞれ地方名で呼ばれたりして、乱雑に栽培され国内消費ワインに使われていた。しかしＥＣに加盟したのを契機に、輸出の主力であったポートワイン以外のワインを輸出のターゲットにすることが考えられるようになると、国をあげてブドウ品種の研究と整理、植え替えが行われるようになり、その結果、現代的醸造技術の導入と相俟って、ポルトガルのワインは劇的に変貌しつつある。現在認可されている三四〇種の品種名を羅列することは避け、主要品種の大きな動向を紹介する。その上でどのブドウが、どこで使われているかをまとめておく（次節に参考用によく知られているブドウのリストを掲げる）。

まずトウリガ・ナシオナル Touriga Nacional。これがこの国を代表する赤ワイン品種として頭角を現わしている。中心地はダンと、テーブルワインの新主要生産地として躍進中のドウロだが、ブレンドワインの主要品種として全国に広がりつつある、トウリガ・フランカ Touriga Franca も従来酒精強化のポート用品種だったが、普通のワイン用に切り換えられつつある。トリンカデイラ Trincadeira（ポートのティンタ・アマレラ）が非常にリッチなワインを生む品種に変身した。スペインのガリシヤ地方でメンシアと呼ばれるジャエン Jaen はポルトガルでは傑出したみずみずしい若飲みワインになった。同じくスペインが誇りとするテンプラニーリョ種も、この国ではティンタ・ロリス Tinta Roriz、南部ではアラゴネス Aragonez と変名し、優れたワインを生んでいる。バガ Baga 種という高貴種は、バイラーダ地区で、この国の最も熟成能力を持つワインを生み、さらに単一畑ものの優れたワインが出だしている。バイラーダの隣のダン地区ではアルフロシェイロ

Alfrocheiro がバランスの優れたワインを生むのが注目されていたが、今やダン以外の地方でも重視されるようになった。ポルトガルは昔から一般に赤ワインの国と思われてきたが、二一世紀になって優れた白ワインを生産する国に変貌しつつある。その原因はブドウにある。まず、ヴィーニョ・ヴェルデの品質が劇的に向上した。ブセーラス地区の主要品種アリント Arinto はブレンドワインを造る場合、白ワインにおいて重要な酸味を適度に保つことからアレンテージョで重視されるようになった。バイラーダ地区では、ビカル Bical 種がワインに熟成能力を与えることが再認識されるようになった。面白いのは赤で有名なダン地区でも、在来種のエンクルザード Encruzado が栽培と醸造の改良によってフルボディなブルゴーニュ的ワインになることが認識された。すべてを通して驚かされる発見は、乾燥したドウロ地区で、ヴィオジーニョ Viosinho、ラビガト Rabigato、コデガ・ド・ラリーニョ Cõdega do Larinho、ゴウヴェイオ Gouveio（スペインのゴデーリョ）などの品種のブレンドを工夫することによって素晴らしいフルボディの白が造られるようになったことである。

（2）ブドウ品種の分布

◎ヴィーニョ・ヴェルデ（Vinho Verde）地域

白ワイン用：ロウレイロ（Loureiro）、ペデルナン（Pedernã）、トラジャドゥーラ（Trajadura）、アルヴァリーニョ（Alvarinho）、アザール（Azal）、アヴェッソ（Avesso）など。

赤ワイン用：ヴィニャン（Vinhão）。

（注：ペデルナンはリスボン近郊の有名なブセーラス・ワインのアリントと同じ品種）

◎ドウロ（Douro）地域

赤ワイン用：トウリガ・ナシオナル（Touriga Nacional）、トウリガ・フランセーザ（Touriga Francesa）、ティント・カン（Tinto Cão）、ティンタ・バロッカ（Tinta Barroca）、ティンタ・ロリス（Tinta Roriz）、ティンタ・アマレラ（Tinta

Amarela）など。

白ワイン用：マルヴァジア・フィナ（Malvasia Fina）、ゴウヴェイオ（Gouveio）、ヴィオジーニョ（Viosinho）、エスガナ・カン（Esgana Cão）など。

◎ダン（Dão）地域

赤ワイン用：トウリガ・ナシオナル、ティンタ・ロリス、アルフロシェイロ・プレト（Alfrocheiro Preto）、バスタルド（Bastardo）、ジャエン（Jaen）、ティンタ・ピニェイラ（Tinta Pinheira）など。

白ワイン用：エンクルザード（Encruzado）、アサリオ・ブランコ（Assario Branco）、ボラード・ダス・モスカス（Borrado das Moscas）、セルシアル（Sercial, Cerceal）、ヴェルデーリョ（Verdelho）、マルヴァジア・フィナなど。

◎バイラーダ（Bairrada）地域

赤ワイン用：バガ（Baga）、カステラン（Castelão）、モレート（Moreto）、ティンタ・ピニェイラなど。

白ワイン用：ビカル（Bical）、マリア・ゴメス（Maria Gomes）、ラボ・デ・オヴェーリャ（Rabo de Ovelha）、アリント（Arinto、ヴィーニョ・ヴェルデのペデルナンPedernãと同じ）、セルシアルなど。

◎リスボン（Lisboa）地域

赤ワイン用：アリカンテ・ブーシェ（Alicante Bouschet）、アラゴネス（Aragonez）、トウリガ・フランカ（Touriga Franca）、トウリガ・ナシオナルなど。
白ワイン用：アリント、フェルナン・ピレス（Fernão Pires）、マルヴァジア（Malvasia）など。

◎アレンテージョ（Alentejo）地域

赤ワイン用：アラゴネス、ペリキータ（Periquita）、モレート、アリカンテ・ブーシエ、トリンカデイラ（Trincadeira）など。
白ワイン用：ロウペイロ（Roupeiro）、ラボ・デ・オヴェーリャ（Rabo de Ovelha）、アンタン・ヴァス（Antão Vaz）、アリントなど。

◎マデイラ（Madeira）地域

赤ワイン用：ネグラ・モーレ（Negra Mole）。

白ワイン用：セルシアル（Sercial, Cerceal）、ヴェルデーリョ（Verdelho）、ボアル（Boal）、マルヴァジアなど。

第4章　ポルトガルのワイン法（ＡＯＣ・原産地呼称）

ポルトガルは、ポートの生産地であるドウロ地区で世界で最初に境界線を定め産地を特定するという、今日の原産地呼称法を一七五六年に制定した国である。一九八六年にＥＣ（のちのＥＵ）に加盟する前から多くの産地に境界が定められ、ワインの品質についても細かく規定されていた。しかし、それが品質向上につながっていなかったから多くの生産者たちは法規制を無視して自分たちの好みのワインをブレンドして造り、ガラフェイラのラベルで出すのが一般的だった。ＥＵの加盟に伴って、次頁のようなＥＵのワイン法に沿った整備がなされた。一方、広い地域をカバーし、規制も緩やかなヴィーニョ・レジオナル（ＶＲ／ＩＧＰ）というカテゴリーが設けられたため、このカテゴリーの重要度が増している。二〇〇九年のEUワイン法の改定時にさらに変更がなされ、現在は次の三階層となっている。

DOP（Denominação de Origem Protegida）　原産地統制名称ワイン

※ラベルにD.O.C.と表記することも可能

IGP（Indicação Geogfráfica Protegida）　産地限定上質ワイン

※ラベルに、たとえばVinho Regional　と表記することも可能

Vinho　ブドウ品種名表示（収穫年の表示のあるものとないものとがある）

第５章　主なワイン産地（地区区分）

（１）ミーニョ地方　ＤＯＰヴィーニョ・ヴェルデ（Vinho Verde）

ポルトガル北西部、ミーニョ河流域一帯に広がる産地で、全国の一四％を占めるポルトガル最大のＤＯＰワイン生産地域（ブドウ栽培面積は約七万二八〇〇ヘクタールとされているが実際はその半分以下、ワイン生産量は二〇万キロリットル。その九五％はＶＱＰＲＤワイン）。生産量の約七〇％が白ワインで、赤ワインと少量のロゼワインも造られている。地域の気候は、夏は比較的涼しく、冬が暖かい。産地の北側と東側は標高一〇〇〇ｍ級の山々に囲まれており、西側は大西洋からの暖流の恩恵を受けている。土壌は主に花崗岩質。白ワインはロウレイロ、トラジャドゥーラ、ペデルナン（アリント）、アザールなどの品種をブレンドして造られる。ミーニョ地方を有名にしたのは、第二次世界大戦後に輸出された「ヴィーニョ・ヴェルデ」と呼ばれる平たい壜入りのロゼで、日本でも一時期大流行した。ヴィーニョ・ヴェルデ（緑のワイン）という名だが、白も赤もある。このヴェルデは「若い」という意味で、フレッシュな若飲みタイプ、豊かな酸味の微発泡の軽い辛口ワインが多い。アルコール分は低く、通常九ないし一〇％。

かつてはブドウの完熟を待たずに収穫されるきわめて酸味の強い素朴で痩せたワインが横行していたが、新世代のワインメーカーの、ブドウを完熟させワインの果実味とアロマをできる限り高めていこうとする様々な努力や工夫の結果、バランスが良く、かつてよりアルコール度が高めの上質なワインが増えてきている（ブドウの栽培方法を伝統的な樫の木に絡ませたりするのをやめ棚仕立てにするか垣根仕立てを始めている）。ヴィーニョ・ヴェルデは、九つのサブ・リージョンに分かれているが、上質のものは「モンサンとメルガソ」のサブゾーンで収穫される。この二つのサブゾーンはスペインとの国境に面した地域で、ヴィーニョ・ヴェルデ生産地区の最北部にある。全体から見ると二割くらいのごく狭い地区である。

なお二つのサブゾーンの南側の「リマ」では、ロウレイロのみを使ったワインが造られており、熟成して複雑な味わいのもの、中には樽熟成に値する深い味わいのものもある。赤ワインは、ヴィニャン、エスパデイロなどの品種から造られていて、内陸部の「バスト」、「アマランテ」、「バイアン」などに高品質なものが見られる。なお、ＤＯＰヴィーニョ・ヴェルデ内で、ＩＧＰのミーニョでも造られている。

この二つの重要なモンサンとメルガソのサブゾーンは、標高と大西洋からの距離によって品種の選択が決定される。大西洋の影響を丘陵地帯が減少させるので、比較的乾燥して暖かい地区になっているが、標高は高いので夜間は涼しい。平均的降水量はモンサンとメルガソでは一二〇〇㎜で、リマになると一〇〇〇〜一六〇〇㎜。

ヴィーニョ・ヴェルデ地区は、スペインのガリシヤ地方の最西端の「リアス・バイシャス地区」と地続きである。リアス・バイシャス地区は近年は品質がとても向上し、スペインの白ワインとして人気が出ている。しかしポルトガルのヴィーニョ・ヴェルデと比べると、こちらの方が相対的に洗練度が高く都会風である。

緑濃いヴィーニョ・ヴェルデのブドウ畑
© Wines of Portugal / ViniPortugal

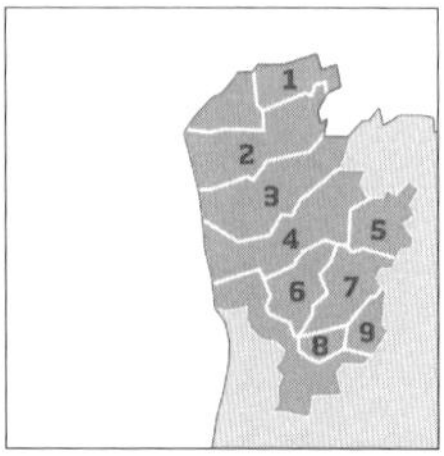

1）モンサン
2）リマ
3）ガヴァド
4）アーヴ
5）バスト
6）ソウザ
7）アマランテ
8）パイヴァ
9）バイアン

ドウロ渓谷の斜面に続くテラス状のブドウ畑（ドウロとポルト地区）
© Wines of Portugal / ViniPortugal

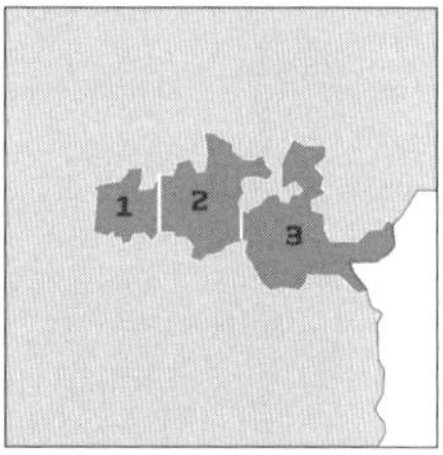

1）バイショ・コルゴ
2）シーマ・コルゴ
3）ドウロ・スペリオール

（2）ドウロ、ポルト地方　DOPドウロ（Douro）、DOPポルト（Porto）

世界に誇る「ポートワイン」の産地だが、近年では酒精強化をしていない普通のテーブルワインの品質向上が著しい。産地はポルトガル北部、ドウロ河上流からスペイン国境までのドウロ河に沿った地域で、総面積は二五万ヘクタールに及ぶが、ブドウ栽培面積はその二割にも満たない僅か四万六〇〇〇ヘクタールという山間の産地。標高一〇〇〇m近い山々に囲まれていて、コルゴ川、トルト川などの支流の渓谷も利用してブドウが栽培されている。渓谷の斜面にテラス状の畑が、どこまでも続く景観は圧倒的である。気候は夏は暑く、冬は寒く、雨量が少なく乾燥している。ブドウ栽培者は約三万人で、ここで収穫されるブドウの四〇%程度がポートワインの原料となる。ドウロ河下流の「バイショ・コルゴ」地区は、最も雨量の多い地区で、ブドウ畑の占有率が三割と最も多い。そこから上流へ向かった「シーマ・コルゴ」地区は最古にして最大のポートワイン産地で、最も品質の良いブドウが産出されている。さらに上流の「ドウロ・スペリオール」はアッパー・ドウロとも呼ばれ、近年になって開発が進み、優れたブドウを生み出しているが、優れたテーブルワイン（酒精強化をしていない）の産地として注目されている。テーブルワインは従来ポートワインに使われなくて残ったブドウで造られていたが、外部からの資本や近代技術の導入などによってワインの品質が向上し、今では世界的市場におけるポートワインの売れ行き停滞をおぎなうようにテーブルワイン専用のブドウ栽培も行われるようになっている。

ポートワインは、日本では、明治の半ばにサントリーの前身である壽屋洋酒店が出した「赤玉ポートワイン」が戦前から戦後に非常に普及していた関係で、真正のポートワインについて誤解を招くという後遺症を残した。ポートワインは、シェリーと並ぶ酒精強化ワイン（フォーティファイド・ワイン）の代表的なものであり、特にヴィンテージ・ポートは「クラシック・ワイン」として世界の中でも秀逸なものの一つとして敬意を持って扱われたものである。製法としては、除梗、破砕されたブドウを二〜三日発酵させ、適した残糖度になったところで発酵中の液体だけを抜き取り、そこに七七度のグレープスピリッツを添加して発酵を止める。アルコールの添加量は最終的に求めるワインのアルコール度数と糖度によって違う。ドウロで醸造されたポートワインは、ドウロの醸造所《キンタ》で冬を過ごし、

港都ポルトに今も残るポートロッジ（倉庫）街　［木下インターナショナル提供］

熟成庫で出荷を待つポートワイン　［木下インターナショナル提供］

春にかけてドウロ河の河口にあたるポルト市街のヴィラ・ノヴァ・デ・ガイヤに運ばれた後、シッパーの倉庫《ロッジ》でブレンドされた上で、熟成させ、ポルトの港から出荷される（近年では諸条件の発達があって、ドウロ河上流域の生産地で熟成されるケースも増えている）。

ポートには、黒ブドウを原料にしたレッド・ポートと、白ブドウを原料としたホワイト・ポートがあるが、フルーティな早飲みタイプのロゼ・ポートも新たに認定された。糖度はエクストラ・ドライ（四〇 g/l 以下）からベリー・スイート（一三〇 g/l 以上）まで五段階に分かれている。ホワイトはほとんどが国内で消費され国際市場に姿を現わすことはあまりない。

日本で、ポートが高く評価されていないのは誤解によるところが大きい。ポートの基本型は「ルビー・ポート」と「ヴィンテージ・ポート」である。ルビー・ポートは樽熟で、数年間大樽で熟成させて市場にだすが、若いうちに飲む。色が美しく甘味を含んでいていわば普及品である。これに対してヴィンテージ・ポートは秀逸年に限って造られ、樽熟期間は短く、壜詰めしてから長期壜熟させてから飲む。二〇年くらい壜熟させないとその真価を発揮しない。そうしたものはワインの熟成美の極致というべきもので、世界でも例を見ない秀逸品である。ただ、一般の消費者が自分で熟成させるのは難しいので、いろいろなヴァリエーションがうまれた。そのうち「レイト・ボトルド」は生産者が長期熟成させるので、消費者は買ってすぐ飲める。

「トウニー・ポート」はその色から名が付いたもので、小樽長期熟成を行う。レイトとトウニーはヴィンテージの極上ものには及ばないが、かなりの質のものである。

なお、通常のポートは、複数のキンタのものをブレンドする。しかし、特に優れたキンタがヴィンテージものを製品にして出荷するのが「シングル・キンタ」で、その価値は高い。単にポートとも呼ばれる七種のヴァリエーションを含めコラムでまとめておこう。

ポートの種類とそのスタイル

ポートはポルトガル・ワインだが、これを作り、育てたのは英国人である。日本のワイン愛好家がこれを敬遠したのはあまりにもいろいろな名前のポートがあってややこしかったからだ。ひと口に言えば、「樽熟ポート」と「壜熟のヴィンテージ・ポート」が両極にあり、その中間にいろいろなヴァリエーションがあるということなのだ。ウッド・ポートなる広く使われている呼称もあるが、これは「木」でなくて、「樽熟ポート」の愛称である。といっても、正確にいうと必ずしも樽でなくコンクリート・タンクやステンレス・タンクで熟成されたものも含むからややこしい。

「ヴィンテージ・ポート」は樽熟でなく壜熟ワインである。樽熟はするが二、三年以内に打ち切って壜に詰める（壜詰めはほとんど英国で行う）。そして壜でだいたい二〇年以上寝かせてからでないと飲まない。いわばポートの極上品・稀覯品である。これへの称賛の辞は英国文学にあふれている。

「樽熟ポート」の方は、通称「ルビー・ポート」で、いわばポートの普及品・ベースワインである。樽で三～五年熟成させ、壜に詰めたらすぐ飲める。鮮やかな濃厚赤色で美しく、甘口を帯びる（辛口のものもないわけではない）。ガブ飲みをしてもよいが甘いからそう多くは飲めない。愛すべきワインである。

ヴィンテージ・ポートを飲みたいが高くてちょっと手が出ない、と言うより買ってから酒庫に三〇年も寝かせるというようなことは誰でもできる話でない。そこでなんとかしようと考えたのが「トウニー・ポート」。樽で七、八年から一〇年熟成させたもの（もっと長く十二年以上樽で熟成させたのが「オールド・トウニー」）。トウニーの方は買ってすぐ飲める。茶褐色をしているからこの名がついた。いわばヴィンテージ・ポートの代用品だが馬鹿にしたものでない。なかなか優れたものがあるのでこれに惚れこんでいる人が少なくない。

「オフ・ヴィンテージ・ポート」。ヴィンテージ・ポートは秀作年のものだけから造るのが原則だが、普通の作柄年のもの、または異なった年のブレンドもの。これもかなり壜熟させるから悪くない。ヴィンテージものより安いが、あまり市場に出ないので入手困難。

「レイト・ボトルド・ポート Late-Bottled Vintage」通称ＬＢＶ。壜詰め前に四〜六年樽熟させる。ラベルに収穫年を表示。市場に出たらすぐ飲めるし、なかなか優れたものがあるので酒通を自称する人の間で人気がある。ただこれは自宅にとっておいてもそれ以上熟成しない。

「コリェイタ Colheita」は「収穫」の意味。数年の樽熟。収穫年も表示。いわばＬＢＶの普及品。

「クラステッド・ポート」。ポートは長く壜熟させるとどうしても澱が出る。これをどう飲むかがやっかいなところだが、澱がないとポートを飲んだ気がしないという変人もいる。そうした人のためにわざわざ澱引きをしないで壜詰めしたもの。樽熟期間は大体四、五年。単一年以上の複数年もののブレンドもある。

「シングル・キンタ」。ポートはドウロ河上流のキンタで栽培・収穫・醸造されるが、その後下流のポルト市の対岸にあるヴィラ・ノヴァ・デ・ガイヤで熟成・壜詰めされる。その際、複数のキンタのものをブレンドするのが主流。それに反して、ドウロ上流のキンタが単独で熟成・壜詰めまで行いキンタ名で市場に出す。以前はキンタ・ド・ノヴァルのようなシングル・キンタものは少なかったが、近年は増加し、なかには優れたものがある。

「ホワイト・ポート」。ドウロ河流域は赤ワインの産地と思いこまれているが、白のポートワインもある。ただ生産量も少なく、ほとんど地元で消費されていた。最近は出色のものも現われているが、日本には輸入されていないうえに、個別生産者の評価もまだ確立したとは言えない面があるので、本書では説明を割愛した。

（3）ダン（Dão）地域

長方形をしたポルトガルの国土の中央部よりやや北寄りで、大西洋とスペイン国境のちょうど中間にある内陸の産地。ダン河流域の二万ヘクタールのブドウ畑は、標高二〇〇mから七〇〇mの日当たりの良い丘陵地に広がっている。山々に囲まれている盆地で、二つの山脈が海や大陸からの強風から産地を守っている。土壌は、中央から北部にかけてほとんどが花崗岩質で、南部は片岩質で水はけがよい。夏は暑く、雨量が少なく、冬は寒く乾燥している。この気温の寒暖差がブドウの生育に適していて、夏の暑さで完熟したブドウは、糖度が高く色の濃い力強いワインになる。

一六世紀のはじめマヌエル一世がこの地域のワインを保護することを命じ、一五四五年にジョアン三世がそれを成文化したと言われる。一九世紀後半にはダン・ワインはポルトガル第一のテーブルワインとして国内外のワイン専門家に認められるようになり、一九〇〇年のパリ万博で金賞を獲得している。この年に原産地管理法を設ける運動が起こり一九〇八年にはDOが制定された。

ダン地区は零細ブドウ栽培農家がほとんどだったので、一〇ほどある協同組合がワイン醸造を行い、それが強制されていた。そのため品質について競争意識が低下し、栽培農家は栽培がやさしく量産種のブドウ栽培に頼った。手数のかかるトウリガ・ナシオナルは減少した。協同組合からワインを仕入れ、製品化していたワインメーカーの大手ソグラペ社はこの傾向に危機感を抱いた。そのため、ブドウ畑を購入して高級種を栽培したり、最新設備を備えた大規模醸造所を建設し、契約栽培農家から良質のブドウを市場価格より高く買い取ったりした。こうした動向に目覚めた中小規模の生産者も畑の改善や醸造技術の革新を導入するようになったのでダン・ワインも昔日の栄光を取り戻すようになった。また最近は独立したキンタが増え、二〇年前の五倍になっている。そうした独立したキンタものの品質が過去と違うのは言うまでもない。

現在のダンの生産量は五万五〇〇〇キロリットルだがその四〇%がDOCワイン。Vinho de Mesa では赤が八二%、赤で使用するブドウはトウリガ・ナシオナルが二〇%以上、それとティンタ・ロリス、バスタルド、アルフロシェイロ・プレト、ジャエン、ティンタ・ピニェイラなど。はじめの二種はドウロの主要高貴種だが、ダンでは南部で多く使われている。アルフロシェイロは色を濃くし糖度を高めたい場合に使い、ジャエンは色は濃くなるが酸度は低くタンニンも強くないのでワインをソフトに仕上げたい場合に使う。

ダンのＤＯＣ赤ワインは最低アルコール度一一％、一八カ月以上の熟成（壜熟を含む）が義務づけられている。ガラフェイラ表示をする場合はアルコールが一一・五度、樽熟二年以上に壜熟一年以上が必要とされている。レゼルバを表示する場合、法的規制はないがアルコール度と熟成でガラフェイラ以上のものにするのが普通である。以前のダン・ワインは、タフだがいささか荒っぽいものが多かったが改善されつつある。

ダンでも白は造っている。ＤＯＣの場合、ブドウ品種はエンクルザードが二〇％以上、それにアサリオ・ブランコ、ボラード・ダス・モスカス、セルシアル、ヴェルデーリョを使わなければならない。エンクルザードは収穫量は低いがバランスがよく香りの高いワインが造られる（ダンで使われるセルシアルとヴェルデーリョは、マデイラで使われるものと名前は同じだが別のもの）。

ＤＯＣダンの白もアルコール度が最低一一度で、六カ月以上の熟成を要求される。ガラフェイラ表示をする場合は樽熟六カ月以上壜熟六カ月以上が必要。レゼルバの場合はこれを上回るものでなければならない。

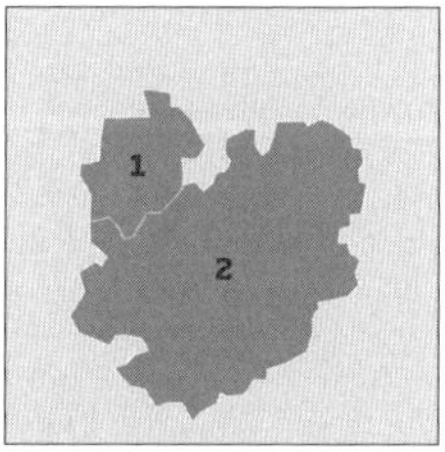

1）ラフォインス
2）ダン

日当たりの良い丘陵地に広がるブドウ畑（ダン地区）
［左：木下インターナショナル提供、
右：© Wines of Portugal / ViniPortugal］

ダン地区の西隣、気候温暖、大西洋からの風により時に冷涼なバイラーダ地区のブドウ畑
［木下インターナショナル提供］

後述するように従来は貯蔵中の管理の悪さから風味に酸化したものが出るのが欠点だったが醸造法の近代化により低温発酵が普及したためフルーティでボディもしっかりしたワインになるようになった。また以前の畑は混植が多く、ワインもブレンドが多かったが近年は単一種のものが増えている。

日本では作家の檀一雄がポルトガルに居住中にダン・ワインに惚れこみ、その良さを推奨したので知られるようになった。ただ、その頃のダン・ワインは革新が起こる以前のやや荒っぽいものだったので日本であまり人気が高まらなかった。

なおダンの中心都市ヴィゼウはポルトガルきっての美しい町のひとつとして知られている。

流浪の作家檀一雄は、一九七〇～七一年にかけて一年半リスボンの北三〇kmのところにあるトーレス・ヴェドラスのサンタ・クルスに移住し、ここで大作『火宅の人』を書いた。その時に、自分の名前と同じダンのワインに惚れこみ、熱心に友人知人に紹介した。

お父上からの影響もあってか御令嬢の檀ふみさんもワイン愛好家であられる。

（4）バイラーダ（Bairrada）地域

ダンの西隣り、大西洋側にあるポルト市の南にあるコインブラ市から海寄りのアヴェイロ市までの四〇㎞にわたって、ブドウ畑は海岸から二〇㎞のところに広がっている。産地全体の面積は約一〇万ヘクタールで、ブドウ栽培面積は約一万八〇〇〇ヘクタール。ワイン生産量は四万五〇〇〇キロリットル。気候は一般的に温暖と言えるが、大西洋からの風により比較的冷涼。夏は小雨だが、秋から冬はやや多く雨が降り、それが収穫期にかかることもあるのが難点。土壌は粘土質と石灰岩が混在していて、場所によっては砂礫の畑もある。

この地区のワインの歴史は古く、建国時代に遡《さかのぼ》る。一八世紀には英国に輸出されドウロのワインに混ぜて飲まれていたことがあった。そのため一七五六年にポンバル侯爵がドウロの農民を保護しようと、バイラーダのブドウを引き抜く命令まで出されたが、これは一七七七年に撤回された。一七八一年には原産地管理法に近い産地限定も行われた。しかし一九世紀後半にはウドンコ病やフィロキセラの被害を受け、それを克服して復興したのは二〇世紀に入ってからである。しかし一八八〇年から一九〇五年にかけてベルリン、パリなどの品評会で金賞や銀賞を獲得している。

ただＤＯに認められるのは遅れて一九七九年になってからである。しかし一八八七年にはブドウ栽培実習学校が設立され一九二〇年には国立醸造試験所が設立された。後で両者が合併されるなどブドウ産業の近代化が進められたことが、この地区の栽培農家の知的能力を高め、他とはちがった発展の原動力になった。そうした経験や知識の体系化もあって、この地区には協同組合が六つあるが、ダンのように協同組合の力が強くなく、中堅生産者が活躍している。ブドウ栽培も垣根仕立てで個々の生産者醸造技術のレベルは高い。平均四万五〇〇〇キロリットルの生産量のうちＤＯＣワインが九〇年代に入って二万キロリットルに増えている（四五％）。この地区ではかつて赤ワインが全体の九〇％近くを占めていた。今はＤＯＣで赤ワインが減って六八％だが、そのかわり白が一八％、スパークリングが一二％、ロゼ二％になっている。バイラーダのワインが特色あるものになっているのはブドウの品種バガのおかげである。建前上はバガ、カステラン、モレート、ティンタ・ピニェイラを合わせて八〇%以上、そしてバガを五〇%以上使用するのが必須、ということになっている。バガは全国各地で使われている優秀品種で(各地で別名あり)、小粒で果皮が厚い。これから造るワインは香り高くて色が濃く、酸とタンニンが強く、長い熟成に耐える。だからどうしても頭角を現わすわけである。ただ伝統的に果梗のついたまま仕込むため渋みが強かった。最近は除梗してから発酵させるところが増えてきたので若くても飲めるようになった(小樽で熟成されるワインも増えた)。バイラーダDOC赤ワインは最低アルコール度数一一度、壜詰めの後を含め一八カ月の熟成が要求される。ガラフェイラを名乗るにはアルコール一一・五度以上、樽熟成二年に加え壜熟成一年以上が必要になる。

DOC白ワインの場合は、ブドウ品種はビカル、マリア・ゴメス、ラボ・デ・オヴェーリャを使う(ビカルはダンのボラード・ダス・モスカス)。可愛い名前のマリア・ゴメス(別名フェルナン・ピレス)はバイラーダではスパークリング・ワインに使われ、リバテージョでは甘口ワインにも使われる万能タイプ。DOC白は最低アルコール度数一一度で熟成については規則はない。ただスパークリングにされる場合は黒のバガを加え壜内二次発酵させなければならない（壜内熟成期間は最低九カ月）。

（5）リスボン（Lisboa）地域

ポルトガルの首都リスボンから大西洋岸に沿って北に広がる産地で、国内第二位のワイン生産量を誇る大規模産地だった。最近まで「エストレ・マドーラ Estre Madura」と呼ばれていた。合計九つのDOCがあり（ブセーラス Bucelas、コラーレス Colares、カルカヴェロス Carcavelos、エンコスタス・ダイレ、オビドス、ロウリニャン、アレンケール、トーレス・ヴェドラス、アルーダ）、その中で、リスボン市の西と北のブセーラス、カルカヴェロス、コラーレスという三つの伝統あるDOCがある。今や消滅の危機にさらされているが「ブセーラス」だけはレモンを思わせる品種アリカンテから爽やかな辛口白ワインを出して頑張っている。「コラーレス」は、海岸沿いの産地で、ラミスコ種からタンニンの強い赤ワインを出す。砂地土壌で、ブドウは五mもの地中まで根を張るため、フィロキセラの害から逃れた自根ブドウも残っている。リスボン市とテージョ湾をはさんだ対岸

首都リスボンから大西洋岸に沿って北へ広がるリスボン地区
© Wines of Portugal / ViniPortugal

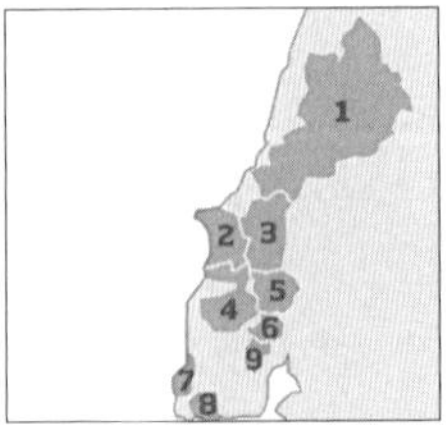

1）エンコスタス・ダイレ
2）ロウリニャン
3）オビドス
4）トーレス・ヴェドラス
5）アレンケール
6）アルーダ
7）コラーレス
8）カルカヴェロス
9）ブセーラス

地中海気候と大陸性気候が混じるアレンテージョ地区
© Wines of Portugal / ViniPortugal

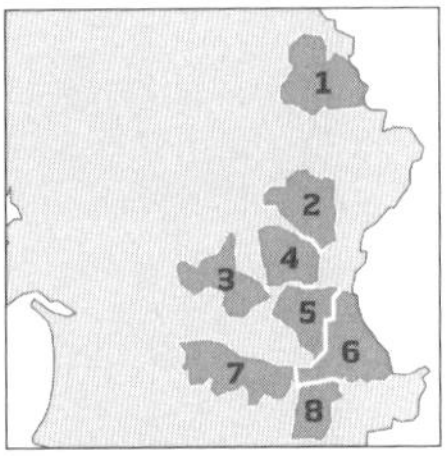

1）ポルタレグレ
2）ボルバ
3）エヴォラ
4）ルドンド
5）レゲンゴス
6）グランジャ・アマレレジャ
7）ヴィディゲイラ
8）モウラ

のセトゥーバル半島には、古くから名声のある「モスカテル・デ・セトゥーバル」があるが、これはマスカット・オブ・アレキサンドリアから造った極甘口のワイン（この半島のワインは今では「テラス・ド・サド」と呼ばれている）。

なお、リスボン市が河口になるポルトガル最大のテージョ河流域はワイン産地として知られているが、今はＤＯＰでリバテージョに指定されているものの安ワインの量産地になっている。

（6）アレンテージョ（Alentejo）地域

ポルトガルの南側三分の一を占める広大な地域で、テージョ河の向こう側という意味。気候は地中海性気候と大陸性気候が入り混じっており、夏は暑く雨が少ない。なだらかな丘が連なる農産地でコルク樫、オリーブ畑や牧場の間にブドウ畑が広がっている。近年ワインの品質の向上が著しく、注目されている。白ワインはアンタン・ヴァス、ロウペイロ、アリントから造られる爽やかなものに加え、最近ではヴェルデーリョ、アルヴァリーニョも増えている。赤ワインは地元品種のトリンカデイラやトウリガ・ナシオナルに加え、アラゴネス（テンプラニーリョ）が代表的。外来種のカベルネ・ソーヴィニヨンやシラーも導入されている。かつては三つのＤＯＣと五つのＩＰＲ（産地限定上質ワイン）に分かれていたが、一九九八年にＤＯＣアレンテージョに統一され、八つの地区はそのサブ・リージョンとなった（ボルバ Borba、ポルタレグレ Portalegre、ルドンド Redondo、レゲンゴス Reguengos、ヴィディゲイラ Vidigueira など）。そのうちの六つのサブ・リージョンは協同組合の勢力下にあるが、その中でレゲンゴスの協同組合では国内のベストセラーのワインを生産している。

（７）アルガルヴェ（Algarve）地域

ポルトガル本土最南端、大西洋岸沿いに東西に細長く伸びた地帯。この中は四つのＤＯＣに分かれている（ラゴス Lagos、ポルティマン Portimão、ラゴア Lagoa、タヴィラ Tavira）。しかし一九九一年の時点ではＤＯＣワインの生産はなく全体の生産量で五〇〇

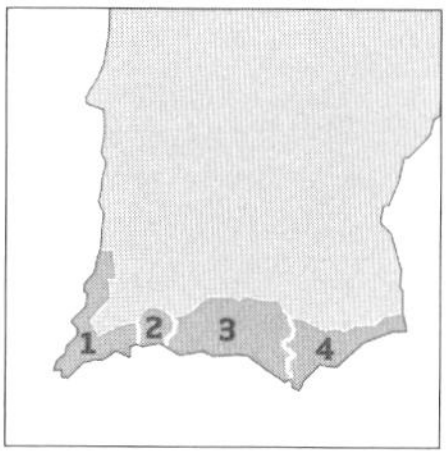

1）ラゴス
2）ポルティマン
3）ラゴア
4）タヴィラ

アフリカに近く、通年、気温が高く寒くない土地で知られるアルガルヴェ地区
© Wines of Portugal / ViniPortugal

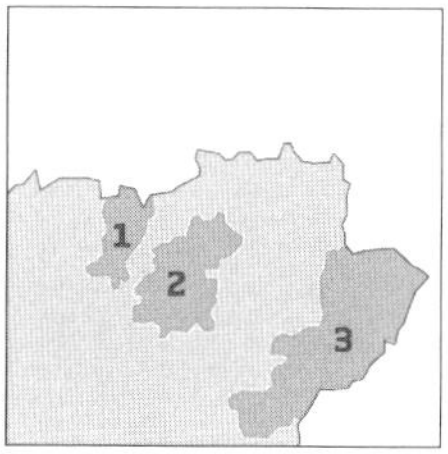

1）シャーヴス
2）ヴァルパソス
3）プラナルト＝ミランデス

国土の最北部、「山々の背後」を意味するトラス＝オス＝モンテス地区
© Wines of Portugal / ViniPortugal

〇キロリットル以下だった。とにかくアフリカに近く暑い地方なのでワインは酸が低くなりがち。白ワインはこの土地だけで栽培されているクラト・ブランコ種のブドウを使う。DOC白はアルコール一一・五度以上で六カ月熟成が必要。ポルトガルで最も重い白とされている。赤はネグラ・モーレとペリキータ種のブドウが主体。アルコール二〇度以上で六カ月の熟成が必要だが、いずれにしてもそう多く輸出はしていないから日本での入手は難しい。

(8) トラス＝オス＝モンテス (Trás-os-Montes) 地域

ポルトガルの最北部の東側。ヴィーニョ・ヴェルデの東、ドウロ河上流の北にあたる。名称は「山々の背後」の意味。その名のとおり山に囲まれ、雨量は西部は多いが東部は少ない。ブドウ栽培面積二万七〇〇〇ヘクタール、全生産量は六万キロリットル。使用ブドウ品種は主にポートワイン品種と同じ。三つのIPR地区がある(シャーヴス Chaves、ヴァルパソス Valpaços、プラナルト＝ミランデス Planalto-Mirandês)。白ワインのアルコール度数は最低一一度、赤ワインは一一～一一・五度、熟成期間は白は六カ月以上、赤は八カ月以上。この地区のワインも輸出市場ではあまり見かけない。

(9) ベイラス (Beiras) 地方

ポルトガル中央北部。ダンとバイラーダを除くブドウ栽培面積は四万四〇〇〇ヘクタールと広く生産量も八万四〇〇〇キロリットルと多い。ここに名の通ったいくつかの地区がある。中央北部にはタヴォラ・ヴァローザ Tavora Varosa 地区、ヴィーニョ・ヴェルデとダンの間にラフォインス Lafões があり、東のスペインとの国境寄りにカステロ・ロドリゴ Castelo Rodrigo とピニェル Pinhel とコヴァ・ダ・ベイラ Cova da Beira のベイラ・インテリオールの三地区がある。ドウロとダンの間で帯のような挟まれた地区はそれぞれが大きくはないが名の通った存在になっている。これらの地区のうち「ラフォインス」は古い産地でほとんどが赤。アルコール度は低いが酸がしっかりしており、フレッシュ感がありヴィーニョ・ヴェルデに似ている。「カステロ・ロドリゴ」、「ピニェル」などはド

国土の北部、ベイラ・インテリオール地区
© Wines of Portugal / ViniPortugal

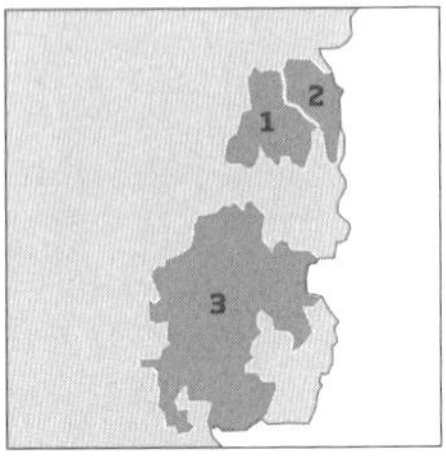

1) ピニェル
2) カステロ・ロドリゴ
3) コヴァ・ダ・ベイラ

酒精強化ワインの産地として世界的に知られるマデイラ島
© Wines of Portugal / ViniPortugal

ウロとダンの品種が栽培されている。いずれにしてもアルコール度数は白は一一度、赤は一一・五度。熟成期間は白は四カ月以上、赤は一二カ月以上である。

(10) マデイラ（Madeira）地域

マデイラ諸島はリスボンから南西に約一〇〇〇㎞、アフリカ沿岸から約六〇〇㎞の大西洋上に浮かぶ火山諸島で、マデイラ島、ポルト・サント島、デゼルタス諸島そしてセルヴァージェンス島からなる。古代人はここを「エンチャンテッド諸島（魅惑の島々）」と呼び、現代では「大西洋の真珠」と呼ばれ、美しい自然と温暖な気候からヨーロッパ有数のリゾート地となっている。その諸島の中で最大の島がマデイラで、世界的に有名な酒精強化ワインのマデイラの産地の中心となっている。マデイラ島は一八〇〇ｍ級の山のある火山島でほとんど平地がない。海岸線は切り立った崖で、その下方から山の上部までの急斜面に「ポイオシュ」と呼ばれるテラス状の段々畑が延々と連なっていて、非常に美しい景観を生み出している。ブドウ畑は「ペルゴラ」と呼ばれる棚式栽培で、その下はサトウキビ、トウモロコシや豆、芋類などが植えられている。美しい景観とは裏腹に栽培には大変な手間と労力を要する。ほとんどの畑が小区画の段々畑になっているため大型機械が入ることができず、作業は人の手に頼るものになり、結果的に収穫はすべて手摘みとなっている。ブドウ畑には小石を積み上げた石壁が複雑に入り組んでいて優れた排水能力がある。現在では一〇〇㎞にもわたる灌漑用水路（レヴァダ）が島中にはりめぐらされている。

マデイラ島でのワイン造りは、一五世紀にポルトガルのエンリケ航海王子がマデイラ島を発見した直後に始まる。一七世紀には、マデイラ島で積み込まれたワインが酷暑の赤道を横切る航路を終えると独特なフレーバーを持つことが知られるようになった。しかし、このころのワインはまだ酒精強化はされていないスティルワインだった。一八世紀、ジブラルタル海峡をめぐる紛争によって北米やカリブ行きの船団がマデイラ島を経由しなくなると、マデイラ・ワインは市場を失ってしまう。倉庫に保管するにしても平地の少ないマデイラ島では貯蔵量に限界があり、ワインの一部を蒸留し残りのワインに加えて貯蔵効率と保存性を高めることが行われた。後になって飲んでみると風味と味わいが非常に深くなるため酒精強化はマデイラ・ワイン造りに欠かせないプロセスとなった。その後、島内での加熱熟成の手法（カンテイロやエストゥーファによる）も確立された。

ワイナリーのカンテイロでワインの熟成が進む　［木下インターナショナル提供］

ヴィンテージクラスのマデイラワイン　［木下インターナショナル提供］

マデイラ・ワインの製法は独特のものである。加えるグレープスピリッツのアルコール度数は九六度と非常に高い。ワインは酒精強化後、一定期間寝かせた後で加熱処理によって熟成される。上質ワインになるもの（ヴィンテージや熟成年数が表示されるもの）は「カンテイロ」と呼ばれる専用倉庫に樽を並べ、太陽熱を利用して部屋を三〇度から五〇度ほどの高温にして熟成させる。スタンダードワインには「エストゥーファ」と呼ばれるタンクを温めて熟成させる特殊な方法が取られている。マデイラ・ワインの主なブドウの品種はほとんどが白ブドウで、比較的冷涼な地域で栽培され辛口タイプとなるセルシアルSercial、涼しい島の北部で生産されやや辛口タイプとなるヴェルデーリョVerdelho、暖かい南部地域で生産されやや甘口タイプとなるボアルBoal、海岸沿いの暑い地域で栽培され甘口タイプとなるマルヴァジアMalvasia、生産量が極めて少ない非常に繊細な味わいとなるテランテスTerrantezなどがある。黒ブドウは島全体の八〇％を占めるティンタ・ネグラ・モーレTinta Negra Moleが代表品種で、辛口から甘口まで幅広く使用されている。

マデイラは最低三年以上の熟成が義務づけられている。壜に熟成年数の記載がある。マデイラは、レゼルバ（五年）、スペシャル・レゼルバ（十年）、エクストラ・レゼルバ（十五年）さらに二十年、三十年、四十年以上の記載がある。また熟成年数やヴィンテージの記載のないカジュアルなプレーン・ボトルもあるが、ヴィンテージの記載があるマデイラは「ソレラ（最低でも五年の熟成を経たヴィンテージ記載のあるワイン）」、「コリェイタ（五年以上熟成、傑出した特性、八五％以上を推奨・認可品種のブレンドか単一品種）」、「ヴィンテージ（フラスケイラ、ガラフェイラ。二〇年以上の熟成、傑出した特性、八五％以上を推奨・認可品種のブレンドか単一品種）」となっている。マデイラ・ワインは政府の機関であるＩＶＢＡＭ（マデイラワイン・刺繍・手工芸品協会）によって生産管理と品質保証が行われている。マデイラは世界で最も長命なワインとされている。現在では二〇年から五〇年までの壜詰めものが入手できる。こうした年代物のマデイラは言うまでもなく、逸品で、ワインの熟成美を味わわせてくれる。

第6章　ポルトガル・ワインの新動向

(1) 大変動の発生

ポルトガルは長い間「ポート」と呼ばれる酒精強化《フォーティファイド》ワインを出す国としてしか知られていなかった。しかし、二〇世紀に入って伝統的ブドウと味わいに固執するお国ぶりに変化が生じてくる。それに加えて劇的な変動が起きるのはEC(現EU)への加盟がある。輸出商品としてのワインの国際的味覚水準への志向、現代的な新醸造学の導入、伝統的ブドウ品種の基本的見直しと再評価、国際的な人気品種の採用とブドウ栽培技術の改革などが相ついで起こった。こうした新しい動向を意識した一部の先進的栽培・醸造家の挑戦と成功、そして新ジェネレーションの台頭と活躍などが潮流の如くこの国のワイン生産におしよせ、ワインの様相を変えさせることになった。つまりポルトガルは〝古くて新しいワイン王国〟になったのである。半世紀前のポルトガル・ワインについての認識や記憶では現在のワイン状況を理解できなくなった。この今、熱く激動中のポルトガル・ワインを主要地区別に北から南に紹介しよう。

その前にまず国の全体的動向を大きく捉えてみよう。まず代表的ワイン生産地と言えるドウロ流域で、いわゆる「ポート」と呼ばれる酒精強化ワインだけでなくテーブルワイン（通常のワイン）の本格的生産が始まり、酒質も素晴らしいものが現われたことが挙げられる。

次にこの国の北西部に位置する「ヴィーニョ・ヴェルデ」は、濃い野暮ったい赤ワインか、マテウスと呼ばれる微発泡薄甘口のロゼだけと思いこまれていた。それが、実にユニークで洗練されている白ワイン産地に変身したのである。

また、ポルトガル中央部の「テージョ地区」、スペイン国境から首都リスボンへと南西へ流れる巨河テージョ（タグス）流域は、軽快なワインの大々的な量産地帯だった。それが二〇世紀に入ってＥＵの助成金と引き換えに、数百人の栽培業者がブドウの抜根を受け入れた。その結果ワイン生産量は激減したが、生産の中心地も川岸から移った。それに伴って地元の高貴種トウリガ・ナシオナル、アリカンテ・ブーシェへの回帰が起こった。それと同時に赤のカベルネ・ソーヴィニヨンとシラー、白のシャルドネとソーヴィニヨン・ブランのような国際的品種の新規導入も始まり、いずれも将来有望と見做されている。

　中央部の大生産地「ダン」や名産地「バイラーダ」は健在であるだけでなく、品種や栽培法の見直しや改良が行われ品質が向上しつつある。

　さらに目覚ましいのは南部で、この国の三分の一を占める広大な「アレンテージョ」地方は、従来は安値ものの量産地としか考えられていなかった。ここでも八つほどのサブ・リージョンが頭角を現わし、信じられない高品質のワインが誕生している。

(2) ヴィーニョ・ヴェルデ (Vinho Verde)

　この北部ミーニョ地方（ドウロ河とミーニョ河にはさまれた地域）は、ポルトガルの全ブドウ収穫量の八分の一を占める大産地。その中で最北の部分にある、ミーニョ河沿いの細長い二つのサブゾーンが「モンサンとメルガソ」で、ここに優れたワイン生産者が集中している。ただ、ヴィーニョ・ヴェルデの中のサブ・リージョンはこれだけでなく、他に八つのサブ・リージョンがあり、ここでも地殻変動が起きているから将来のことはわからない。しかし今のところモンサンとメルガソ（そしてその南隣りのリマ）の発展（ことに白）は目を見張らせるものがある。

ミーニョ地方はポルトガルで最も多湿で、ブドウの木への給水も十分なので、放っておくと枝葉ばかり繁茂し果実の成熟が不十分になる。そのため石柱に沿ってブドウを育てる従来の方法から果実の完熟をねらうトレリス仕立てを選ぶ生産者が増えた。まだペルゴラと呼ばれる昔からの棚仕立ても残っていたが、一九九〇年に入るとこれも低い仕立てに変わるようになった。

また昔はヴィーニョ・ヴェルデの白は、ほとんどがアザール、ロウレイロ、トラジャドゥーラ、アヴェッソ、アリント種のブレンドで造っていた。しかし、この地方の高級品種アルヴァリーニョだけで造る上質ものが増えてきた。それがサブゾーンのモンサンとメルガソである。ミーニョ地方は、大西洋からの距離と標高がブドウ品種の選択上のポイントになるが、この二つのサブゾーンは大西洋からの影響を丘陵地帯が遮蔽し、そのため比較

ブドウの育成はさまざまな仕立てがある（マデイラ島）
［木下インターナショナル提供］

的乾燥した暖かい気候になっている。しかし標高は高いので夜間は涼しい。平均降雨量も約一二〇〇㎜。このアルヴァリーニョは、お隣りのスペインのリアス・バイシャス地区でも尊重されている。

　醸造技術で見れば、以前のヴィーニョ・ヴェルデは軽い微発泡を帯びていた。アルコール発酵が終了した後に起こるマロラクティック発酵（マロ発酵）の際に発生する二酸化炭素の気泡が壜内に残されるからである。モンサンやメルガソでは、大学で醸造学を学んだ若い醸造技術師《エノログ》はこのマロ発酵は行わず、ワインができあがった後に微量のSO_2を注入する手法を取るようになった（お隣りのリアス・バイシャスでは、このマロ発酵を行っている）。マロ発酵の功罪についてはいろいろな考えがあり、世界の白ワインの各産地でそれぞれ行うところと行わないところとに分かれているが、ここでは行わない。マロ発酵を行うと、ヴィーニョ・ヴェルデ本来のフレッシュさが失われると考えたからである。

　なお現在、白ワインが主流になったとは言え、赤ワインも全く造らなくなったわけではない。地元品種のヴィニャンから造る濃い紫色を帯び酸味の強いヴィーニョ・ヴェルデの赤は、かなり内陸に入ったリマの南にあたるバストBasto、アマランテAmarante、パイヴァPaivaなどのサブ・リージョンで造っている。造り手次第で爽やかな果実味を感じさ

早川書房の新刊案内　2021 1

〒101-0046 東京都千代田区神田多町2-2　電話03-3252-3111

https://www.hayakawa-online.co.jp　● 表示の価格は税別本体価格です。

(eb) と表記のある作品は電子書籍版も発売。Kindle/楽天 kobo/Reader™ Store ほかにて配信

＊発売日は地域によって変わる場合があります。　＊価格は変更になる場合があります。

「自分を変えたい」のなら、人間を超越せよ
千葉雅也氏（立命館大学教授）推薦！

闇の自己啓発

江永 泉・木澤佐登志・ひでシス・役所 暁

ダークウェブと中国、両極端な二つの社会が人間の作動原理を映し出し、ＡＩや宇宙開発などの先端技術が〈外部〉への扉を開く。反出生主義を経由し、私たちはアンチソーシャルな「自己啓発」の地平に至る。話題騒然の note 連載読書会「闇の自己啓発会」を書籍化。

四六判並製　本体1900円［21日発売］(eb1月)

《大切なものとのお別れ》を優しく描く絵本を
内田也哉子のリズムよく心地よい翻訳で

こぐまとブランケット
――愛されたおもちゃのものがたり

ハヤカワ・ジュニア・ブックス 最新刊

L・J・R・ケリー（文）、たなかようこ（絵）／内田也哉子訳

少年とどんなときも一緒だったくまのぬいぐるみとブランケット。ある時ふとしたことでなくしてしまう。《こぐまとブランケット》は少年の元へ戻ろうとするが―― “おもちゃのその後” を描いた少し不思議でやさしい物語。

B5判変型上製　本体1500円［絶賛発売中］(eb1月)

ハヤカワ文庫の最新刊

●表示の価格は税別本体価格です。
＊価格は変更になる場合があります。
＊発売日は地域によって変わる場合があります。

1
2021

JA1464

架空戦記＋ファーストコンタクトの新シリーズ開幕

大日本帝国の銀河1

林 譲治

eb1月

昭和15年、天文学者の秋津俊雄は、軍部の要請で火星太郎なる人物と面会する。一方、世界各地では未知の四発大型機が出現して――

本体860円[絶賛発売中]

JA1466

警察と報道のダブルヒロインが活躍！
各紙誌絶賛『ダークナンバー』続篇

イン・ザ・ダスト

長沢 樹

eb1月

轢死事件を追う警視庁分析捜査三係の渡瀬敦子と、過去の爆破テロ映像を調査する東都放送報道局の土方玲衣の運命が再び交差する！

本体1080円[21日発売]

311

宇宙英雄ローダン・シリーズ632

〝ラブリー・ボシック〟発進！

エレンディラ銀河で行方不明のツナミ艦を探すテケナーたちは、〝永遠の戦士〟の従者と名乗るシャミ

NF568

タイガーと呼ばれた子〈新版〉

愛に飢えたある少女の物語

トリイ・ヘイデン／入江真佐子訳

eb1月

ンジ色の髪をしたパンク少女だった。やがてシーラの口から過去に受けた虐待の事実が明かされる。

本体1100円[21日発売]

NF569

津波の霊たち

3・11 死と生の物語

リチャード・ロイド・パリー／濱野大道訳

あの日から十年——。巨大災害が人々の心にもたらしたものとは?

eb1月

二〇一一年の東日本大震災における津波被災に焦点をあて、巨大災害が人々の心に刻んだトラウマと余波に英国人ジャーナリストが迫る

本体1020円[21日発売]

●新刊の電子書籍配信中

eb マークがついた作品はKindle、楽天kobo、Reader™ Store、hontoなどで配信されます。

作品募集中

第十一回アガサ・クリスティー賞

出でよ、"21世紀のクリスティー"

締切り2021年2月末日

第九回ハヤカワSFコンテスト

求む、世界へはばたく新たな才能

締切り2021年3月末日

●詳細は早川書房公式ホームページをご覧下さい。

日本初のガイドブック。ワイン愛好家必携！

ポルトガル・ワイン

山本 博

この十年で輸入量が四倍！ ポートやマデイラといった酒精強化ワインのみならず、ヴィーニョ・ヴェルデなど様々な地域のワインが名を上げ、日本でも人気急上昇中のポルトガル・ワイン。その主要な銘柄、生産地、ワイナリーを完全紹介する日本初のガイドブック

四六判並製　本体2700円［21日発売］

ひどい不幸や幸運だって。統計学者には、こんな風に見えている！

それはあくまで偶然です

――運と迷信の統計学

eb1月

ジェフリー・S・ローゼンタール／柴田裕之訳・石田基広監修

占い、ツキ、日常に潜む不吉な予兆、そして信仰……。それらの本当の姿が、統計学者にはバッチリ見えている。ランダムな世界を理性的に解き明かす術をユーモアをまじえて分かりやすく語る『運は数学にまかせなさい』著者による統計学よみ物。解説／石田基広

四六判並製　本体2300円［21日発売］

「ゲーム・オブ・スローンズ」前日譚。HBOドラマ化進行中！

〈氷と炎の歌〉で描かれる世界の300年前、東方のヴァリリアからドラゴンを従えてウェスタロスを征服したエイゴン一世に始まる

ヴィーニョ・ヴェルデ生産者協会（2017年4月来日）

来日生産者
A&D WINES　GUAPOS WINE PROJECTS　QUINTA DO MONTINHO
A&D ワインズ　グアポス・ワイン・プロジェクト　キンタ・ド・モンティーニョ
AS VALLEY WINES　MANUEL COSTA&FILHOS　QUINTAS DO HOMEM
AS　ヴァレー・ワインズ　マヌエル・コスタ&フィーリョス　キンタ・ド・オーメン
ADEGA DE QUIMARÃES　QUINTA DA LIXA　S.CAETANO
アデガ・デ・キマラインス　キンタ・ダ・リシャ　サン・カエタノ
ADEGA PONTE DE LIMA　QUINTA DA RAZA　SOALHEIRO
アデガ・ポンテ・デ・リマ　キンタ・ダ・ラサ　ソアリェイロ
CASA DE VILA NOVA　QUINTA DAS ARCAS　SOGRAPE
カーサ・デ・ヴィラ・ノヴァ　キンタ・ダス・アルカス　ソグラペ
CASA DE VILA VERDE　QUINTA DE CARAPEÇOS　SOLAR DE SERRADE
カーサ・デ・ヴィラ・ヴェルデ　キンタ・デ・カラペソス　ソラール・デ・セラーデ
CASA DE VILACETINHO　QUINTA DE CURVAS　VERCOOPE
カーサ・デ・ヴィラセティーニョ　キンタ・デ・クルヴァス　ヴェルクーペ
CASA SENHORIAL DO REGUENGO　QUINTA DE GOMARIZ　VINHO NORTE
カーサ・セニョリアル・ド・レゲンゴ　キンタ・デ・ゴマリス　ヴィーニョ・ノルテ
CASAL DE VENTOZELA　QUINTA DE SANTA CRISTINA　VINHO VERDE YOUNG PROJECTS
カサル・デ・ヴェントセラ　キンタ・デ・サンタ・クリスティーナ　ヴィーニョ・ヴェルデ・ヤング・プロジェクト
CAVES CAMPELO　QUINTA DO FERRO　VINVERDE / ADGA PONTE DA BARCA
カンペロ　キンタ・ド・フェロ　ヴィニヴェルデ・アデガ・ポンテ・ダ・バルカ
ヴィーニョ・ヴェルデのプロフィール ヴィーニョ・ヴェルデの面積：700,000ヘクタール ブドウ栽培面積：21,000ヘクタール （ＥＵ最大の面積といわれている） ブドウ畑区画数 129,000 サブ・リージョン：9 DO ヴィーニョ・ヴェルデ　許可品種：45 ブドウ生産者：119,000人 醸造壜詰業者：600 年間生産量：8,000万リットル 生産構成：86%（白）　10%（赤）　4%（ロゼ） ブランド：2,000 輸出国：100カ国以上

連絡先：info@wineschola.com

せる優れたものもある。

優れたワインが生まれるには地質、気候等の諸条件があるが、最終的には、なんと言っても人の力である。ヴィーニョ・ヴェルデの大きな発展は、新しい世代を含め組織の強力な推進力があったからである。現在ヴィーニョ・ヴェルデは生産者協会が結成され、活発な活動を行っている。二〇一七年四月には生産者のうち三〇名が来日して試飲会とセミナーが開催された。そのメンバーを八七頁の表に紹介しておく（その優劣の評価は、現在の筆者の知識と能力では正確には不可能である）。

（3）ドウロ（Douro）

ドウロ渓谷は写真などで知られているように世界でも特異な景観の地である。曲がりくねる深い谷がスペイン国境まで続いていて、国境を越すとスペインの名ワイン産地リベラ・デル・ドゥエロになる。河の両側の高い斜面にはびっしりと石積みの段々状畑が広がり、まさに壮観である。昔はこの河が運送路で、底浅平型帆舟（バルコ・ラベロ。ラベロ船）

かつて産地から底浅平型の帆舟でヴィラ・ノヴァ・デ・ガイヤまで運ばれた
［木下インターナショナル提供］

で酒樽を下流のポルト市対岸にあるヴィラ・ノヴァ・デ・ガイヤまで運んだものだった。今ではダムができたためこの舟も御用おさめになり、ノヴァ・デ・ガイヤに二、三隻だけが観光用の飾りのように停泊している。また昔は上流の方は秘境だったが、道路が整備されてトラックが走り、列車の停車地ピニャオンなどは観光客で賑わうようになった。

畑も注意してみると、現在は変化が見られる。もともと、急斜面の河岸に石積み段々畑を築きあげたのは理由があった。ドウロ河沿岸地帯は土が少なく、片岩の石ころだらけの土質だった。そのため石を利用して石壁で囲った中に乏しい土を集めて埋め、段々のテラスを造ったわけである。しかし一九七〇年代に入って、石壁で囲ったテラスの一部をブルドーザーで整地し、石壁でなく片岩の堤に支えられた広いテラス（パタマレス）に変えたところが増えてきた。以前はブドウの列は石垣に沿って等高線状に水平に植えられていたが、新しい整地部分はブドウの列が上下に走る縦のラインになっているところもある。古いブドウの畝はいわゆる藪《やぶ》仕立てで、樹間隔はやや粗である。新しい方の畑は、トレリス仕立てで、密植になっている。前者はブドウが横帯の行列の観を呈し、後者は緑の絨毯の観を呈する。新しい畑は農耕機具の使用が容易になる。その上、収量制限が難しくなく、果粒の完熟が期待できる。

ドウロ地区のワイン産地は、三つに大分される。西の下流地域が「バイショ・コルゴ」地区、中流の中央地域が「シーマ・コルゴ」地区、東の上流地域が「ドウロ・スペリオール」地区である。下流のバイショ・コルゴ地区は最も降水量が多く（年間平均降水量は九〇〇㎜。シーマ・コルゴは六五〇㎜、ドウロ・スペリオールは五〇〇㎜）、冷涼である。降水量が少ないと、ブドウは水を求めて根を深く伸ばす。そうした関係から、バイショ・コルゴは安値のポートワインを主として協同組合が造っていた。中流のシーマ・コルゴは夏は酷暑、冬は厳寒である。ピニャオン市を中心にして支流のピニャオン川流域を含め、まさに良質ポートの生産地で、ワイン造りをするキンタが密集している。

昔は、ここのキンタで造られたワインを下流のヴィラ・ノヴァ・デ・ガイヤまで運んで、そこで熟成・壜詰めすることが義務づけられていた。一九八六年からその制度がなくなったのでキンタで熟成の仕上げまでできることとなった。そのためそれぞれのキンタ名を名乗る上質なシングル・キンタものが激増した。

最上流のアッパー・ドウロ地区は、上質のワイン造りをするため適地を求めてブドウ栽培が広がった地帯で、ドウロ・スペリオールと呼ばれるようになった、いわば新開発地。急斜面だけでなく、平坦な場所を求めた広大な畑が広がっている。上質ポート造りには適さないと考えられてきた下流のバイショ地区と、上流の新開地スペリオール地区で酒精強化をしない普通のワインが造りだされるようになってきたのである。まさにドウロ流域ワインの激変である。

酒精強化《フォーティファイド》したポートワインでなく、輸出向きの普通のワインも積極的に造り出すようになったのはそれなりの社会・経済的背景があった。もともとポルトガルのワイン生産の歴史は古い。一一四三年に独立して以後、一三世紀時代はオランダにまで輸出していたくらいである。一七世紀には一二〇万ケースも国外へ輸出するようになったが、現在のような酒精強化ワインでなく、アルコール度の高い濃厚なタイプの赤ワインだった。今日的意味の「ポート」が本格的に輸出されるようになったのは、一七五六年にポンバル侯爵が「ポート」と名乗るワインに厳格な産地制限規定を設定して以後の話である。この原産地呼称ができていわゆる「ポート」は国家的に法で保護されるようになったが、同時に、毎年政府が総生産量を決め、それを各生産者に割り当てるシステムが確立してきた。そのため、この枠を越えて生産されたワインは、蒸留してブレンド用のブランディにするか、自家消費に飲んでしまうかしかなかったのである。

ついでにふれておくと、この総生産量の決定はポートワイン・インスティテュートが前年の輸出量その他の諸条件を考慮して決定する。その上で、カーサ・ドウロ（ドウロ地方葡萄栽培・醸造家連盟）に報告される。連盟は畑の位置（標高・方位）、生産量の実績、地質・栽培方法、樹齢などの諸条件を考慮して、各項目ごとの合計点によって最上のＡクラス（一二〇〇点以上）から最低のＦクラス（二〇〇〜四〇〇点）の六つのクラスに格付けされ、各生産者ごとの割当量も決められる。採点の中で重視されるのは標高で、最高点が与えられるのは海抜一五〇ｍ、最低点はマイナス九〇〇点で、海抜六五一ｍ以上の畑。つまり、ポートワイン造りで重視されるのは海抜一〇〇〜二〇〇ｍの位置にある畑である。

社会的背景の問題はそれだけでない。世界のワイン市場における高級ポートおよび甘口ポートの相対的地盤沈下。蒸留酒造りだけでは畑の維持経費などを支払えないコスト問題、ＥＵ加盟により英国中心だった輸出が他の諸国にも拡大した輸出市場問題、新設備投資への外資導入、ワイン醸造学部の新設による専門家の育成、高品質ワインを購入できるようになった消費者の生活向上など、実に多岐にわたる。およそこの世の改革というものは、改革を意識したリーダーが生まれて始まるものである。ドウロのワイン造りもその例にもれない。そのシンボルが「バルカ・ヴェーリャ」。これは上流地区のキンタ・ド・ヴァレ・ド・ミアオン（キンタ・ミアオン）のブドウ区画畑からフェルナンド・ニコラン・デ・

アルメイダが創り上げたもの。このキンタは女傑フェッレイラが守り続けていたもので、アルメイダ氏はそこで六二年も醸造担当で勤めていた。一九五〇年にボルドーへ行き、ボルドースタイルのワイン仕込みを学び、それをキンタ・ミアオンに応用してみたのである。ブドウ品種の選定、ブドウが完熟できる栽培法、収量制限などを実施した。バルカ・ヴェーリャは一九八七年にポルトガル最大のソグラペ・グループの傘下に入り、新醸造長のエノロジストのソレアス・ブランコが新スタイルのワインを一九九一年に販売、〝偉大な復活〟とか〝新スタイルの誕生〟と評価された。なおバルカ・ヴェーリャに次いでスターになったのは、一九九〇年から国際的に活躍するようになったニコラン・デ・アルメイダの息子ジョアンが働くドヴァス・キンタ（ジョアンはラモス・ピントスでも働いていたが、こちらはシャンパンメーカー、ルイ・ロデレール社が一九九〇年に買収）。

こうしたドウロのスティルワインの始祖として尊敬されるバルカ・ヴェーリャ系のワインの出現よりは少し後だが、全く別系統の優れたキンタがいくつか現われている。新法改正の強力な推進者ミゲール・シャンパリモーがキンタ・ド・コット（バイショ・コルゴの西端）から一九八二年グランデ・エスコーリア（偉大なセレクションの意味）と呼ぶ出色のワインを出し始めた。なお、大手業者は依然として本格的ポート造りを守っているが、大手のシミントン社までが自家消費用だが赤白のワインを実験的に造っている。しかも担当しているポール・シミントンの息子チャールズは、スペイン・リオハ北方のログローニョ大学卒。また、D・ベイヴァーストックはスティルワイン造りを提案したが受け入れられなかったので、アレンテージョに移ったがオーストラリアのバロッサ出身。なお、テイラー社の傘下にあるフォンセカは白ワインを造っているが、醸造担当のデイヴィッド・ギマラエンスはオーストラリアのローズワーシィ大学（現アデレード大学）に留学している。ちなみに、現在ドウロ地区でも何人かのオーストラリアの醸造家《エノロジスト》がコンサルタントとして働いているが、ボルドーへ行かないでオーストラリアの大学に留学する若手の醸造技師志願者が増えている。なおヴィラ・ノヴァ・デ・ガイヤの丘にセラーがあるポサス家は一九一八年創業だが、現在は六代目のマノエル・ポサスが一九九〇年からコロアンドウロと呼ぶドウロの赤ワインと、ヴィラール・ダ・ガレイラと呼ぶ赤を出し始めている。なおポートの原産地呼称規制を実行したポンバル侯爵は「ドウロ河上流地域農業公社」を創立したが（現在は民営）、同社はスティルワインを専門とするファイン・ワイン部門を誕生させた。これは若い醸造技師・栽培技師のチームが国際的に通用するワイン生産を目的とするもの。ここの畑はすべて垣根式であるだけでなく、カベルネ・ソーヴィニヨン、ソーヴィニヨン・ブラン、セミヨン、シャルドネなどの外来種も栽培している。ピニャオン市の上流（ドウロ河の支流）に一九九四年から稼働し始めた近代的醸造所キンタ・ド・ボルタルも普通のワインを造っているが、ここもボルドー大学醸造学部パスカル・シャトネ教授がコンサルタントになっていて、赤ワインを重視する方針。

こうしたドウロのワイン生産の変化を象徴するのが「ドウロ・ボーイズ」の出現である。現在ポートを含めたワイン造りは、名物になっていた足ふみ圧潰から近代的圧搾機に替わりつつあるが、木製大樽から温度調整機つきのステンレス・タンクの採用をはじめとする諸設備・機械化の導入が進められている。しかし機械があっても、それを使いこなせる人間がいなければどうにもならない。環境の激変に対応し、それを進めているのは新世代の若者の生産者である。高品質なワインの生産を志向する先駆的な数十名ほどの生産者は、ドウロ・ワインの品質をプロモートすることを目的に「ドウロ・ボーイズ」というグループを結成、国内外にプロモーション活動を展開している（主要メンバーはキンタ・ド・ヴァレ・ミアノウ、キンタ・ド・ヴァレ・ド・マリア、キンタ・ド・クラスト、ニーポート、キンタ・ド・ヴァリードなど）。

こうしたメンバーの活動はドウロ・ワインの変身が軌道に乗った有力な証明であろう。

ヴィンテージ・ポート礼賛

ヴィンテージ・ポートは、英国上流階級のステータス・シンボルだった。年代物は抜栓と澱抜きが難しかったから、独特な抜栓法や独特の道具まで考案されていた。英国の大文豪サミュエル・ジョンソン（英国最初の英語辞典を独力で完成）などは毎晩ポート一本の晩酌で足らずにおかわりを要求したから「スリー・ボトル・メン」と言うような渾名までついた。

今、日本で本物を飲むのは至難の技である。素晴らしいワインの極致と言われても飲んでいないとわからない。ただ、それを知る方法はある。ワインのドンとまで言われたG・セインツベリーのコレクション紹介本『ノート・オン・ア・セラー・ブック』（邦題『セインツベリー教授のワイン道楽』紀伊國屋書店、一九九八年）を読めばその傾倒ぶりがわかる。また、マイケル・ブロードベントの

『ヴィンテージ・ワイン』を見ると、世界のワインの中で、ヴィンテージ・ポートについてわざわざ章を起こし、一八一一年から二〇〇〇年代にいたるまで二〇〇年近くのヴィンテージ・ポートについて、年代ごとの造り手別の体験について詳細な記述を残している。

そんな難しい話でなくて、もっとソフトな面で言えば、ワインブックの大傑作と言えるアレック・ウォーの『イン・プライズ・オブ・ワイン』(邦題『わいん』増野正衛訳、英宝社、一九六四年)を読んでみたらいい。酒びたり人生を送ったウォーがいかにヴィンテージ・ワインに惚れこんでいたのかわかる。世界の酒遍歴と言えるこの本の書き出しが、ヴィンテージ・ポートから始まっている。「ポートの時代」の章では四〇頁にわたってポートワインがいかに当時の英国人社会になじんでいたかを生き生きとしたタッチでわからせてくれる。中近東の情報将校だったウォーが砂漠のイスラム教国の中で、いかにわが家の酒庫のポートに恋いこがれたかと言う話から始まって、ジョージ・メレディスの記述「ポートは深い海のように底深い。その香味が深遠なのだ……。」ながい年月をへた血液で老いらくの知識を兼ねそなえている……ポートは知恵ある文章と語りブルゴーニュは神来の賦と吟じる」を紹介している。また有名な『ガリバー探検記』を書いたＪ・スウィフトが、宮廷におけるシャンパンを敢然としてしりぞけ「わが家の食事にはポートを選ぶべき」とまで断言したことなども紹介している。今日、ごくあたり前になっている普通の細長い形のワイン壜はポートを寝かせておくために考案されたものだという話など興味はつきない。

(4) ダン (Dão)

ポルトガル中央部南にあり、ドウロの南、バイラーダの東のダン地区は、ポルトガルの代表的赤ワインの大産地だが、ここにも革新の波がおしよせている。日本では作家の檀一雄が愛飲して紹介したので知られるようになったが、当時のダン・ワインはやたら荒っぽかったので愛飲家が根づかなかった。しかし、この地区は東西二つの山脈に囲まれたいわば盆地状の場所で、東はエストレーラ山脈がスペインの乾燥風をさえぎり、西はブサコ山脈が大西洋の影響を防いでいるため、冬は多雨寒冷、夏は温暖、ことに標高五〇〇m前後の場所になると昼夜の温度差が大きい。上質なワインを出せる条件は整っていた。ワインはほとんど協同組合で造られていた（ブドウを協同組合に売ることを強制する高圧的な法令まであったが、ＥＵに加盟してから廃止された）。前にもふれたように、小規模生産者のキンタが激増し、二〇年前の五倍の数になった。となればどうしても品質向上・競争の気運が起きる。中でもルイス・ロウレンソ（キンタ・ドス・ロケス／キンタ・ダス・マイアス）や、アルヴァロ・カストロ（キンタ・ベラーダ／キンタ・デ・サエス）が出色のワインを出すようになると、周りの個人経営者もじっとしていられなくなる。ダンのワイン造りは、基本的に多品種ブドウの混稙か、できたワインのブレンドだった。これにも見直しが行われたり、単一品種栽培に挑戦してみるところも出てくる。この国のヴァラエタルワイン（品種表示）の先駆者はソグラペ社で、多大な投資をしてキンタ・ドス・カルバリャイスという醸造所を新設し、長期熟成向きのワインにはトウリガ・ナシオナル、フルボディワインにはティンタ・ロリス、というようにしてワインの生産にあたった。最近ことにフルーティで早飲みタイプのワイン造りにジャエン（スペインのメンシア）が人気がある。また僅かだがこの国の代表とも言えるような白ワインも出すようになったが、これに使うのは上質単一種のエンクルザードである。

目下、ヨーロッパではダンの名声が定着しつつあるが、日本でも優れたダン・ワインが姿を見せるようになった。

なおダンを訪問する機会があったら、史跡の美しい中心都市ヴィゼウをお見落としなく、立ちよるべきである。ローマ軍の要塞やゴシック様式の壁、一五世紀のグラン・ヴァスコ美術館などはこの国の文化の奥深さを再認識させるだろう。

(5) バイラーダ (Bairrada)

ドウロやダンの名前を知っている人でも、ドウロの西隣りにあるこの名産地のことを知っている日本人はあまりいない。この地区のブドウ栽培の歴史は古く、建国時代に遡《さかのぼ》り、かなりの量のワインをオランダに輸出していた時代もあった。なにしろこの地区には、世界最古の大学の一つがあり、首都にもなったコインブラ市があるのだ。そうした関係もあってポルトガルの中でも文化度が高い地区で、ワインも名声があって敬愛されていたが、第二次世界大戦後、他の地区に比べ名声が低迷している観があった。しかし、現在は変化のさなかにあり、事態は好ましい方向へ進んでいる。リスボンとポルトを結ぶ高速道路の両側に広がるこの地区は、大西洋岸に近いため比較的気温も高く、爽やかな気候でワインを出せる立地条件にある。しかも、この低い丘陵地帯は一般的に石灰石を含む粘土質のところが多いが、その中には多様で表現力豊かなテロワールが含まれているのだ。さらにこの地区のワインをユニークなものにしているのは、土質もさりながら地元品種の「バガ」である。この品種は、強烈な酸とタンニンを含むため、それを和らげる伝統的方法で仕込まれたワインはかなり長期間寝かせておく必要があり、それがハンディになっていた。これを克服する技術が導入されるのに時間がかかったのだ。そのため、多くの畑のバガの古木が引きぬかれ、非在来種の導入が始まった。現在、この地区ではバガを守りつつ、この国の優良品種トウリガ・ナシオナル、ティンタ・ロリスに加えカベルネ・ソーヴィニヨン、メルロー、シラー、ピノ・ノワールまでも栽培されるようになった。こうしたワイン造りの変革のリーダーになったのは情熱的醸造家のルイス・パトと偉大な改革者カンポラルゴらだった。この地区の中心が赤ワインであることは変わらないが、地元品種のビカルとマリア・ゴメスから造る白ワインも注目をひくようになり、素晴らしい発泡ワインまで出す

マヌエル 2 世が建てたといわれる離宮を転じたブサコ・パレスホテル
［木下インターナショナル提供］

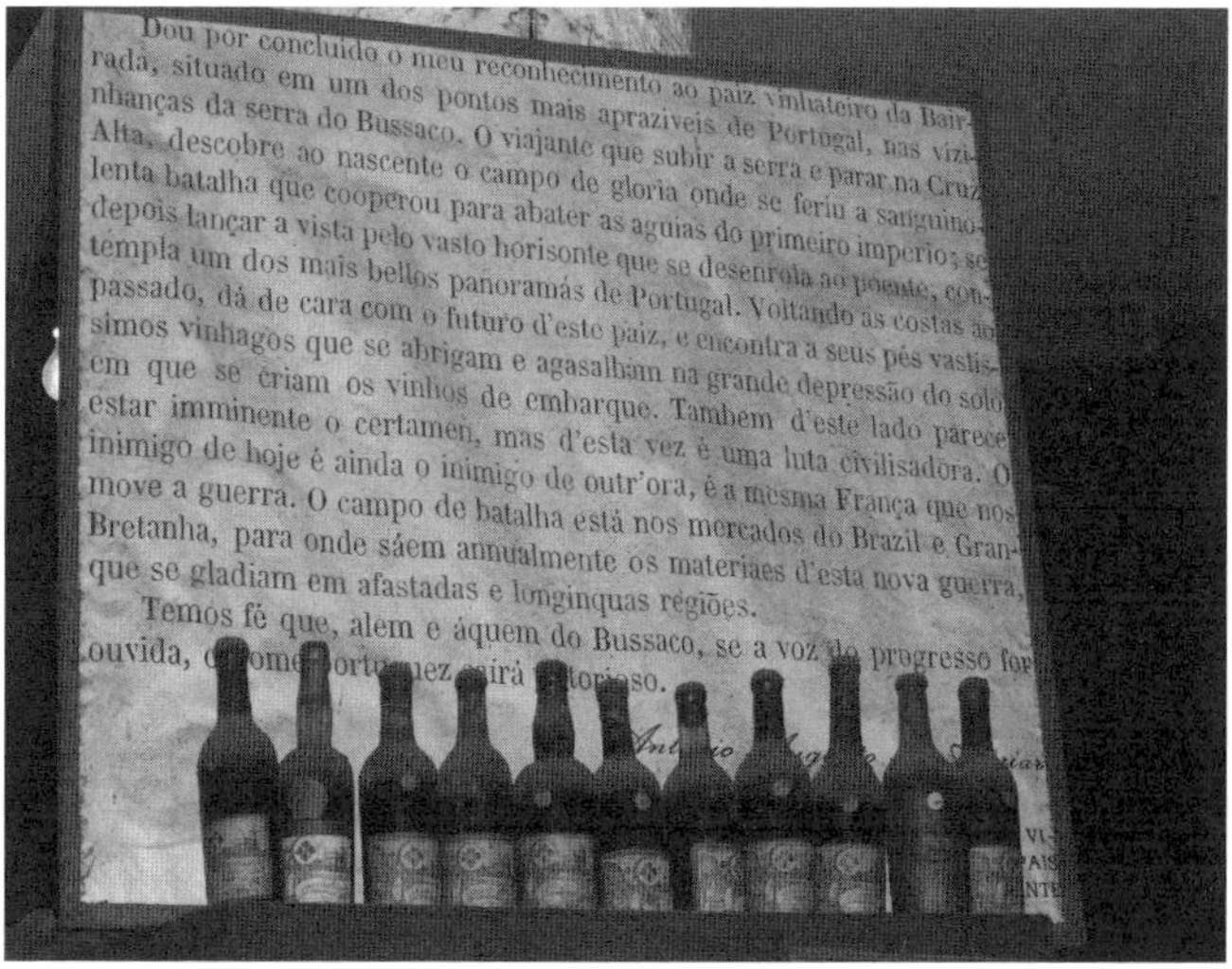

独自の方法でつくられるブサコ・ワイン
［木下インターナショナル提供］

ようになった。

このような、ポルトガルの知られざる名酒、バイラーダの秀逸性を探る絶好の場所がある。コインブラの北東端にあるブサコ・パレスホテルである。コインブラの北の丘陵地帯はポルトガルを代表する国立公園になっているが、昔は修道僧が修行する神聖な地だった。このカエデやカシなど四〇〇種もの木が茂る森の奥にマヌエル二世が建てたといわれる離宮があり、それが今は五つ星のホテルに変身し、ワインの聖堂になっている。何世代にもわたってワインを独自な方法で選別熟成させ、自家ブランドのブサコ・ワインを作るようになっているのである。ここでの典型的品種のブレンドワインは、ホテルのセラーで熟成させ数十年にわたるヴィンテージのもの（一九四〇年までも）も残っている。そうしたワインは、バイラーダ・ワインの持つ特性、その風格や滋味を教えてくれると同時にポルトガルのワインを決して軽視できないことを物語ってくれる。

(6) テージョ (Tejo) と、エストレ・マドーラ (Estre Madura)

ポルトガル・ワインに地殻変動が起きている。というのはプラスの面だけでなく、マイナスの部分もある。この国の中央部の南半分にあたる地方は、昔はこの国のワインの半分以上を生産していたがそれが全く変わってしまった。

まず広大な「テージョ地区」の変貌が著しい。スペインとの国境からリスボンまで南西に流れる巨河テージョ流域地帯は、肥沃な大生産地帯だった。それが、二〇世紀末、ＥＵの援助金と引き換えに数百人の栽培業者がブドウの抜根を受け入れてしまったのである。残った者も河岸から離れた。在来品種のトウリガ・ナシオナルやアリカンテ・ブーシェに加え、カベルネ・ソーヴィニヨンやシラーに目をつけている者もいるが、今のところ出色のワインが出ていないようである。

もうひとつの大生産地は「エストレ・マドーラ」または単にオエステ（西の意味）と呼ばれる。リスボンを中心とする地帯で、今では「ヴィーニョ・レジオナル・リスボン地区」と呼ばれている。その中にサブ・リージョンとしては、ＤＯＣのトレース・ヴェドラス Torres/Vedras、アルーダ Arruda、アレンケール Alenquer などがあるがほとんどがラベルではヴィーニョ・レジオナルと名乗っている。この地方には五五〇〇軒におよぶ栽培農家がいるが、持ち畑は一軒当たり一ヘクタールにも達していない零畑農家が多い。したがって多くが協同組合の支配下にあり廉価ワインを量産している。協同組合は醸造技術師をコンサルタントとして品質の維持向上も図っているが、今のところ製品の大部分は大手ワイン業者や外国の輸入業者に売り渡している。勿論、他の生産地と同じように意欲的・野心的なミニ生産者がいないわけでもないが、それらはどうしても外国品種にとらわれがちで驚かされるような成功をおさめていると言えないようである。

ただ、この地方では昔から名声を築いてきた三つの小地区が残っている。大西洋岸に近い「コラーレス Colares」は砂質土壌のためフィロキセラ禍をまぬかれた特異な小地区だが、出しているのはタンニンの強い赤であまり新時代向きでなさそうである。「カルカヴェロス Carcavelos」は、ヨーロッパ最西端の地として有名なロカ岬からリスボンを結ぶ小海岸とその内陸部。だが、この地域は現在高級リゾート地とサーフィンの海岸行楽地として栄えていてワイン造りの方は影が薄くなった感がある。残った「ブセーラス Bucelas」地区はテージョ湾の奥の西岸にあり、アリント種のブドウから造る白ワインの産地である。しっかりした酒質と爽やかな味わいで現代人の嗜好に合うワインを造りあげるようになったのでヒットしている。ことにキンタ・ダ・ロメイラが成功したので、多くの投資家がこの地区のワインに引きよせられている関係で、三つのＤＯＣの中でここだけは将来発展する可能性がある。

案外知られていないようでもがんばっているのがエストレ・マドーラ地区に入っていないがリスボンの対岸にある「セトゥーバル Setubal」半島のワインである（現在はテラス・ド・サド）。ここの極甘口ワイン、モスカテル・セトゥーバルはかなり以前から日本に入ってきていて、筆者も愛飲していた。コクのある淡いオレンジ色のマスカットと、マスカット・オブ・アレキサンドリアの果皮を長時間浸漬して造る特異なものだが、長い伝統を持っている。熟成すると魅力的なワインになるので、ポルトガルの異色なワインとして現在も名声を保っている。驚かされるのは、セトゥーバル市周辺は工業都市化しているが、ワイン造りの方でも成功しているのだ。この半島のブドウ栽培地区は二分されている（いずれも現在はＩＰＲ）。ひとつは大西洋に面する沿岸の「アラビダ」の粘土まじりの石灰岩丘陵地帯で、その斜面は大西洋の風を受けて冷涼。もうひとつは「パルメラ」の東サド川流域の砂質平地で、気温が高く肥沃な内陸地。この地区の重要な生産者は、バカリョア・ヴィニョスと、ジョゼ・マリア・ダ・フォンセカ。どちらも飲みやすい品種で造るポルトガルのニュー・ウェーヴの先駆者。在来種のカステランはパルメラ東部の砂質土壌と相性は良いようだが、現在はシラー、アラゴネス（スペインのテンプラニーリョ）やドウロの赤品種にその座を徐々に明け渡しているようである。両者ともに地元の品種のペリキータとティンタ・ミウダを使って親しみやすいミディアムタイプの赤ワインを出しているが、それが現代人の新感覚向きのテーブルワインであることは否定できない。またＪＰヴィニヨスは、地元品種のフェルナン・ピレスとシャルドネから当世風白ワインを造る熟達の士でもある。

(7) アレンテージョ (Alentejo)

この名前は「テージョ河の彼方」という意味。繁栄を誇ったリスボンやコインブラなどの都市があるこの国の北部に比べ、未開の田舎の野暮ったい地方というニュアンスを含んでいた。この国の南の三分の一を占めるこの広大な地方は、ゆるやかに起伏する丘陵地帯で麦畑が広がる穀倉地帯であると同時に、銀色に輝くオリーブ畑と濃褐色のコルク樹の林が散在する。しかしことワインになると、ブドウ畑がつづれ織りのように一面に広がる北部とちがって、この地方のほぼ中央部東の一部(ボルバ、ルドンド、レゲンゴス、ヴィディゲイラ）、古都エヴォラを中心にした地帯に集中している。この地方は全く文化不毛の地だったわけでなく、エヴォラはローマ時代にこの国の南部の中心として栄え、ルネサンス期には大学も設置された学芸の都であった。一五八四年に日本からはるばる派遣された天正遣欧少年使節はここを訪れている。旧市街はローマ、イスラム、キリスト教それぞれの時代を物語る建造物がひとつの城壁の中に混然と同居している（世界遺産にも登録されている）。人の集まるところワインありで、この都市からスペインとの国境近くまで散在する農園は、ワイン不毛とされるこの国の南部地方の中でも優れたワインを生み出せる地として「ポルトガルの隠れた最大の宝」とまで考えた人もいる。なお、サブ・リージョンから少し南西にはずれたベジャ Beja は新観光地として活気がある。

現在では、アレンテージョのワインはこの地方の中央部東にかたまっていて、かつては三つのＤＯＣと五つのＩＰＲ（産地限定上質ワイン）に分かれていた。一九九八年にＤＯＣアレンテージョに統一され、八つのサブ・リージョンに分割されている。ボルバ Borba、ポルタレグレ Portalegre（北の飛び地なのでアレンテージョに入れていない資料もある）、ルドンド Redond、レゲンゴス Reguengos、エヴォラ Evora（エヴォラ市がある）、ヴィディゲイラ Vidiegueira、グランジャ・アマレレジャ Granja Amareleja、モウラ Moura

である（このうちボルバ、ルドンド、レゲンゴス、ヴィディゲイラの四地区が重要）。

気候は地中海性気候と大陸性気候が入り混じっていて、夏は暑く雨が少ない。基本的に赤ワイン中心だったが、最近は白も頭角を現わしだしている。赤は地元品種のトリンカデイラ、トウリガ・ナシオナル、アラゴネス（スペインのテンプラニーリョ）が主流。最近は外来種のカベルネ・ソーヴィニヨンとシラーを使うところも出始めている。白はアンタン・ヴァス、ロウペイロ、アリントに加えて、ヴェルデーリョ、アルヴァリーニョも増えている。爽やかで軽質な飲みやすいものだけでなく、ヘビーでフルボディタイプのものをねらうところが出だしたからである。

造り手で言えば、六つのサブ・リージョンはいずれも主要協同組合の勢力下にあるが、モンサーラスにあるレゲンゴスの協同組合が最も重要で、国内でベストセラーワインを生産している。アレンテージョのワインの大半は、DOC認定の地区か否かにはかかわらず「ヴィーニョ・レジオナル・アレンテジャーノ」として売られている（中には品種名記載のものも含まれている）。

こうした協同組合が最近は量だけでなく品質向上にも気を使うようになったので、量産・安物ワインとして軽視されていたのが見直されるようになってきている。

ことに、この地区でも変化の潮流を変える火付け役になる現象が起きた。まず、一九八〇年代後半にレゲンゴス地区の農園が頭角を現わしたが、そこの「エルダーテ・ド・エスポラン」の出現。リスボンのサッカーチームのオーナー、ジョゼ・ロケットが、この自分の農園の責任者をオーストラリア人の醸造家に変えただけでなく、カリフォルニアのナパで見られるような洒落たワイナリーに変えたのである。この新トレンドが注目を浴び話題を呼ぶようになると、協同組合の傘の下でのんびりワイン造りをしていた周辺の醸造家の目を覚まさせ、二〇一〇年までに二五〇軒ものミニ独立ワイナリーがこの地に出現するという新事態を発生させたのである。当然、競争は品質の改革を呼び起こした。それだけでなく予想すらできなかったことが起きた。一九九二年、ボルバ地区のキンタ・ド・カルモに、ボルドーのトップ・シャトーの持ち主であるラフィット・ロートシルトが改革の投資をしたのである。当然、世界のワイン界の注目をひくようになる。同じ頃から醸造技師《エノロジスト》のジョアン・ポルトガル・ラモスは、現代的設備の整ったワイナリーで名声をあげただけでなく、この地区の各所で活躍し、飲みやすい輸出向け銘柄「マルケス・デ・ボルバ」を誕生させた。さらに八つのサブ・リージョンの中で南のはてになるモウラ地区でアングロ・ポルトガル系、レイノルズのニュー・ウェーヴのファッショナブルなワインが、多くのポート・ワイン社で働く人々の人気を呼び、それがこの、八つのサブ・リージョンの中でも伝統がない新しい地区のワインについても愛飲家に目を向けさせることになったのである。こうした新現象などが、従来軽視されていたアレンテージョ・ワイン全体の認識を変えさせる結果になった。その意味でアレンテージョはポルトガル全体の中で最も激変の焦点になり、その将来も決して暗いものでない。ポルトガルの中で長年一番軽視されてきたアレンテージョさえ見直しが行われるようになったのだ。なにしろ、かつてはポルトガルで最もワイン生産量の少なかったアレンテージョのワインは、現在この国全体の三〇％を上回る大生産地に変貌した。しかもこの地の改革はまだ発展途上にあると言える。ただ巨大な生産地の誕生と飛躍的発展は、ＥＵのワイン生産量規制の壁に抵触するから、それとの解決が将来の課題になるであろう。

なおアレンテージョについてつけくわえておくと、この地方ではローマ時代から行われていたアンフォラ（甕《かめ》）発酵をまだ行っているところがあることであろう（スペインではバルデペニャスの一部が行っている）。

アレンテージョでは今もアンフォラ（甕）による発酵が行われている
［木下インターナショナル提供］

（8）マデイラ（Madeira）

一四一九年マデイラ島に上陸したポルトガル人が、緑深い密林を開墾するにあたって樹木を伐採する手間をはぶくため東部マチコに火をつけた。それが全島に広がり数年にわたって燃え続け全島焼土になった（マデイラとは森の意味）。運命の皮肉か、全土をおおったその灰が土地を肥やす役割をはたした。トウモロコシやジャガイモなどの野菜とブドウも植えたが、そのうちブドウを使うワインが主要輸出品になった（フランスのフランソワ一世の宮廷でも甘口のマデイラ・ワインが飲まれている）。

なにしろ、マデイラ島は南米との貿易の重要な中継港だったのである。ワイン樽は船底で絶好のバランス調整になったし、ワイン自体は壊血病防止の妙薬だった。そのうち長い航海でワインが変質するのを避けるためブランディを加えた。そうした酒精強化したワインが赤道を二度越すと絶妙に熟成することに気がついた酒商は、増える需要に応じるため熱帯の温度と同じようにすればよいと考え、人為的に加熱するエストゥーファ室に数年間ワインを貯蔵するという技術を開発する。大航海時代、大西洋貿易の発達に伴って、マデイラ島のフンシャル港を中心にしたマデイラ・ワインは、世界の三大酒精強化酒のひとつになったのである。数種の異なったブドウのブレンドと、島の中の産地や熟成期、造り手の能力の違いなどがあって多彩なマデイラが出されていたが、その表示はいいかげんなものだった。

ＥＵへの加盟に伴ってそうした悪弊も激変することになる。今やＩＶＢＡＭ（マデイラワイン・刺繍・手工芸品協会）の厳格な規制と指導の下で、マデイラ・ワインはリニューアルされた。しかし、第5章で説明したように、いくつかの法的なカテゴリーに分割されているため、マデイラ・ワインはちょっとわかりにくいものになっている。ただ、まず四つのワインのタイプ（「セルシアル Sercial」、「ヴェルデーリョ Verdelho」、「ブアル Bual」、「マルムジイ Malmusey」）について、それぞれブドウ品種・地域名・味覚の違いを知る必要がある。その上で熟成年数の記載、つまりラベルに記載されているレゼルバ（五年）、スペシャル・レゼルバ（十年）、エクストラ・レゼルバ（十五年）を見ると大体のところは見当がつく。市販されているマデイラのほとんど（約九〇％）を占めるスタンダードものは、この島で一番多く栽培されているティンタ・ネグラ Tinta Negra をベースにしたものである。その上に別格の極上品《プレミアム》が、今でもいくつか造られている。ひとつは「ソレラ・ワイン Solera Wine」。これは一九世紀から造られているもので、スペインのシェリーと同じような特殊な樽熟成（樽の中の一〇%を引き抜きその分だけ新しいものを加える）させたもの。ただこれは現在、ＥＵ法で禁じられているため近年のものはほとんどないが、それ以前の古いもので、まだ残っている稀覯品がある。なにしろマデイラは恐ろしく長命なのだ。これの変形ものが「ハーヴェスト Harvest」で、同時期に収穫されたブドウを少なくとも八五%使い、単一年ものとして造られる。もうひとつの稀品が「フラスケイラ Frasqueira」。これは少なくとも八五%が単一の収穫で造られた同一収穫年・伝統的高貴品種ワインで、樽熟成二〇年以上のもの（これは昔はヴィンテージと名乗っていたが、ヴィンテージ・ポートとの関係でヴィンテージの表示ができなくなった）。

なお比較的入手しやすいのが「コリェイタ Colheita」。これは八五%以上推奨・許可品種のブレンドもので（もちろん単一品種でもいい）五年以上の熟成ものである（Colheita の語義は、収穫または収穫物）。

マデイラのもうひとつの特色は生産者・出荷者が限られていることである。ブドウ自体は約八〇〇〇人の農家が栽培・収穫するが、それを集めてワインにして、マデイラ特有の熟成をさせて出荷まで行えるところは限られてくる。現在、このいわゆるワインメーカーは僅か八社しかなく、日本に入っているのは六社。なんと言っても伝統と生産量がダントツでマデイラの代表ともいえるのがブランディーズ社BLANDY'Sであり、それにつぐのがヴィニョス バーベイト社BARBEITOと、ペレイラ・ドリヴェイラ社D'Oliveiras（同社は一八五〇年創業。他社で見られないほど古いヴィンテージものをストックしている）。

特筆しなければならないのはバーベイト社。一九四六年創業で歴史は古くないが革新的なワインの造り手。最高のマデイラ・ワイン造りに挑戦している。日本で五〇年もの長い間ポルトガル・ワインの輸入・普及に取り組んできた木下インターナショナルが一九九一年経営困難に陥っていたバーベイト社を支援する目的で資本参加し、バーベイト社との共同経営をすることになった。以後、バーベイト社は毎年黒字経営を行えるようになったが、利益を株主への配当ではなくすべてを再投資にまわした。その結果二〇〇八年にはカマラ・デ・ロボスの高台にマデイラでは最新設備をそなえたワイナリーを設立したのである。そのため、同社の出すマデイラ・ワインはインターナショナルワインチャレンジや日本のサクラアワードなどでトロフィーを勝ちとるようになった。それだけでなく二〇一〇年マデイラ島で行われたグランド・テイスティングの中で、英国の有名な女性ワイン・ライター、ジャンシス・ロビンソンがバーベイト社の製品を「マデイラのラフィット」とまで賞讃したのである。

そうした実績だけでなく、現在木下インターナショナルは競合関係にあるブランディーズ社とペレイラ・ドリヴェイラ社のマデイラ・ワインも日本で販売するようになった。同社の成功には隠されたエピソードがある。現在日本では毎年一万五〇〇〇ケースほどのマデイラ・ワインを輸入しているが、その約九〇％はワインとして飲まれるのではなく西洋料理用および菓子製造用に使われているのだ。どうしてそうなったかと言うと、木下康光社長がマデイラ・ワインを初めて輸入した当時、この異種のワインをどう販売したらよいかわからず辻調理師専門学校の辻静雄氏に相談した。そして辻校長のすすめでレストランや製菓業者に売り込んでみたところ、それが成功したという伝説がある。

マデイラ・ワインは、伝統的かつ特殊な製法で生まれる独特な味わいを持つワインであるため、ポルトガル全土のブドウ栽培・ワイン醸造に革新の波が襲っているという潮流にあるからと言って、その基本はそう簡単に変えられるものでない。しかし醸造について見ると、旧来の足踏みによる果粒の圧潰に代わってロボットラガールという圧搾機が使われるようになったり、コンピューターによるエストゥーファの温度管理などが導入されている。また二〇〇四年にはＩＧＰのテラス・マデイレンス Terras Madeirenses の資格を獲得して普通の白ワインも造れるようになった。またＤＯＰのマデイレンセ Madeirense も規定されたので普通（スティル）の赤ワインも造っている。ただ、いずれも生産者はごく少ないし、そのほとんどが地元で消費されてしまうから日本に現われることはまずないだろう。またポルトガル全土で起きている自然（インテグラル）農法尊重の動きもそう簡単にマデイラ・ワインの体質を変えないはずである。

マデイラ・ワインに付け加えなければならないのはその長寿命である。ドイツのヨハネスベルク、フランスのシャトー・ディケムなどの極甘口ワインは寿命が長い。ポルトガルのヴィンテージ・ポートは酒精強化ワインとして二〇年以上壜熟させると絶妙な味わいになる。同じ酒精強化ワインでもシェリーとちがってマデイラは信じられないほど長命なのである。英国のジョージ・セインツベリは大学者であると同時に著名なワイン・コレクターである。教授が書いた『ノート・オン・セラー・ブック』（邦題『セインツベリー教授のワイン道楽』紀伊國屋書店）はワインブックの走りのような本だが、その中で「正真正銘のマデイラの古酒は賛辞に値し記憶に残したい名酒である。私は一七八〇年のマデイラを熟成九〇年に達しようかという時点で飲んだことがあるが、完璧な味だった」と書いている。また、マイケル・ブロードベントの『ヴィンテージ・ワイン』は世界のワインの古いヴィンテージものを詳細に記録した本だが、その中でマデイラについては一六八〇年をはじめとして、一七〇〇年代は五本、一八〇〇年代ではなんとそれぞれ三六本のヴィンテージものを紹介している。これは、マデイラなら一〇〇年を越し二〇〇年もたった超古酒が生き長らえ飲むに耐えるという証拠だし、中には絶妙な域に達するものがある（ほとんどが四ツ星か五ツ星）ということを物語っている。まさにポルトガルの文化遺産と言えるだろう。なお、アレック・ウォーの『In Prais of Wine』（邦題『わいん』増野正衛訳、英宝社）はマデイラについて、興味ある歴史を含め、かなりの頁を割いて紹介している。

木下インターナショナルはマデイラ・ワインの秀逸さを日本人に理解してもらうために銀座並木通り七丁目に「マデイラエントラーダ」というワインバーを二〇一五年に開店した。棚にマデイラ・ワインの壜だけがずらりと並んでいるのは見事。総数約一〇〇本。最も古いものは一八五〇年でそれらをグラスで飲めるのだ。

コルク栓

コルク材の柔軟性と機密性に目をつけて液体容器の蓋に使うことは、エジプト王朝や古代ギリシャから始まっている。コルク樫自体はイタリア、スペインなど地中海沿岸地帯で広く繁殖している。しかしこれから作った栓をワインに使うことに本格的に取り組んだのはポルトガルだった。中世ヨーロッパではワインはすべて樽詰めだった。大航海時代、その先陣を切ったポルトガルは、壊血病防止に役立つワインを長期航海船に積みこんだ。そのうちワインをブランディで強化するとワインの劣化が防げることに気がつき、またワインを長期熟成させることで味がまろやかになることも発見した。それがポート・ワインの誕生でもあった。そしてワイン壜を大量に積むため、丸型の壜を今日のような細長い形に変えた。と同時に長期熟成させる壜の栓にコルクを使いだした。コルク樫が近くに茂っていて容易に手に入る国だったからである。そして、扱いにくい栓を抜くために英国人がコルク・スクリューを発明して、今日のようなワイン壜が普及し、良い味わいのワインが誰でも飲めるようになったのである。長期熟成ワインの素晴らしさは、ヴィンテージ・ポートの発展とそれに必要なコルク栓のおかげでだれもが認識できるようになった。砂糖が使われていない時代、甘く白いワインを王侯貴族がよろこんで飲み、トカイ、ヨハネスベルク、ソーテルヌなどは別の面から発達していった。

栓を作るためのコルク樫は、年をとったコルク樫（直径約七〇㎝以上）の樹皮をはがして作る。樹皮を剝ぎ取られた樫は五～一〇年たつと再生するが、一回目、二回目の樹皮でなく、樹齢が約四五年に達した樹皮がコルク栓に使われる。現在ポルトガルの樫畑は七六万ヘクタールに及んでおり、世界第一の生産量と輸出の中心になり（ポルト市の南に約二五〇社の製造業者が集中している）、世界のコルクの半分以上をまかなっている。一九世紀半ばから政府が本腰を入れて取り組み、一九八〇年代の後半にはEUの承認を得て、今やこの国の重要産業のひとつになっている（もしコルク栓なかりせば、今日のシャンパンの大成功もなかったであろう）。

最近の一部のワイン・マニアの間で、「ブショネ」と称する悪臭探しが流行している。これはコルク栓不良が原因とされているが、コルク栓洗浄の際に栓内に吸収されたTCA（トリクロロアニソール）およびTBA（トリブロモアニソール）またはTCP（トリクロロフェノール）が原因とされている（『新ワイン学』戸塚昭・東條一元編集、ガイアブックス）。しかし現在はコルクの殺菌の塩素漂白剤クロロフェノールは使われなくなった。また、ブショネと指摘された異臭が必ずしもすべてコルクが原因とはかぎらず、いわゆる「ボトル・シック」と呼ばれる多様な異臭が誤解されている場合が多いようである（壜詰めワインを長期間保存すると、いろいろな原因により異臭が生じるが、これはグラスに注いで少したつと消える）。コルク臭が問題になったのには理由があった。ポルトガル国内の政情・経済不安が原因になってコルク生産業者が過大な需要に応じるため無茶な生産をしたのである。しかし、代替栓の台頭に危機感をいだいたコルク製造業者の大手が二〇〇〇年に入ってから、巨額を投じて研究開発と設備改革を行い、品質向上に真剣に取り組んだのである。その結果、TCA値が下がるようになり粗悪なコルクは（少なくとも高級ワインについては）姿を消しつつある。

なおコルクに替わる新しい栓（ストッパー）について、オーストラリアでは研究が進んでいる。壜詰め後二、三年で飲むような低価格帯のワインならこうした新開発の栓（ねじ型キャップ）でもコルク栓と変わらない効用を持っていることは科学的に証明されている。しかし長期熟成させる高級ワインについては、コルク栓でないものが代用できるかはいまだ未知数である。なお現状のコルク栓問題については《ヴィノテーク》二〇一九年三月号に立花峰夫氏の詳細な報告がある（プロ必読）。

ワイン史蹟

日本の多くのワイン愛好家にとって、ポルトガルという国は「ポート」というユニークな甘い赤ワインを生む国というくらいの認識しかない。昔は著者もそうだったので、一九六九年に初めて行った時、訪れたのはドウロだけで、唯一観光として行ったのはヨーロッパ大陸最西端の地「ロカ岬」だけだった。数回訪れるうちに気がついたのは、実に素晴らしい中世の城塞や寺院建築物の宝庫であることと、海と山を含めた日本人になじめる山野風土の地ということだった。歴史が古いだけでない。ヨーロッパ諸国の中でも西のはずれにあった関係で外国の侵略戦争からまぬかれ、第一次・第二次大戦の戦禍で国土が蹂躙されることがなかったから多くの史蹟がひっそりと生き残った。大航海時代、この国は繁栄し文化が爛熟した時代があったのだ。万事に機械化が進み能率中心になる現代に入って、世界各国では、古い建物をかたっぱしから取り壊しコンクリート造りのビルが建ち並ぶのを誇りにするようになった。そうした傾向の中で古い城・教会建築を大切に残すこの国のスタンスは、世界のワイン生産国が人気品種のブドウへと走る中でポルトガルが伝統品種のブドウを守り続けているワイン造りと同一の国民性の賜《たまもの》なのであろう。ワインも建築も長い歴史の中で汗と知恵の積み重ねで生まれた文化財なのだ。

リスボン周辺だけでない。ドウロ流域、この国の中部地方の古都コインブラを含む「ベイラス」地区にしても、僧院・修道院・城・教会など驚くほど多く、人類の文化財と言える石造建築物が昔の姿を残して散在している。そうした文化的

・歴史的遺産の中には、世界的に重要な史蹟としてユネスコから高い評価を受けているものも少なくない。

ベイラス地区のワインが他の地方とは一線を画すような洗練された性格になっていたのは歴史的背景があるのだ。別格のような学園都市コインブラは別として、その北に「アヴェイロ」の町がある。壮麗な城がそびえるレイリアの近くには、ユネスコの世界文化遺産に指定された聖マリア修道院がある「バターリア」の町がある。カトリックの世界三大聖地のひとつになった「ファティマ」の町もあれば、一一五二年に創建されたシトー派のサンタ・マリア修道院（これもユネスコの文化遺産）がある「アルコバッサ」の町などが並んでいる。

ついでに言えばダンはワイン産地として有名だが、ここにも首都「ヴィゼウ」にローマ軍が残した要塞や一五世紀に造られた古い門が残っているし、山上の村「ベルモンテ」にも〝嘆きの聖母像〟を納めたローマン・ゴシック様式のサンチャゴ教会がある。また「グアルダ」に残っている城壁や塔、ユダヤ人居住区などは、中世の壮麗さを思い起こさせてくれるものなのである。

あとがき

坂口謹一郎先生の『世界の酒』(岩波新書、一九五七年)は、私がワインの花園に足を踏み込むようになったきっかけだった。先生でも訪れていないポートの誕生地という話に心が引きつけられ、一九六九年私の初めての訪仏の年に単身オポルトまで足を伸ばした。タクシーを一日チャーターして訪れたドウロ渓谷は驚嘆の連続と言える異風景だった。帰国後、アレック・ウォーの"In Praise of Wine"が増野正衛氏の名訳で出版(邦題『わいん』英宝社刊、一九六四年)されていたのを読み、ポートワインの卓越性に開眼させられることになる。当時日本ではサントリーが出していた「赤玉ポート」がポート・ワインだと誤解されていた時代だった。その後一九七四年にポルトガルを再訪しヴィーニョ・ヴェルデのマテウス社を訪問したりしたが、時はカーネーション革命の最中で、この国の政治体制の複雑さを知らされることになる。また、キンタ・ノヴァルを訪問したとき弁護士という私の肩書からキンタの買収交渉と誤解されたこともあった。その後数回にわたり英国を訪れる機会があり、そのたびにヴィンテージ・ポートの年代物を探し求めて飲み、その絶妙な味わいに魅せられると同時にいかに日本で理解されていないかを痛感させられることになった。そうした経験の中でポルトガル・ワインの本を書きたかったが、当時は入手できる原書はフェイバー・アンド・フェイバー社の〝PORT〟しかなく、また出版を引受けてくれる出版社もなかった。

ポルトガル・ワインに激変が生じているのを知ったのは、ヒュー・ジョンソンの『ワールド・アトラス・オブ・ワイン』第七版（二〇一四年）監修訳をした時だったが、変動の具体的情報が入手困難だったので、書くのが更に難しくなった。

二〇一〇年代に入って《ヴィノテーク》の蛯沢登茂子さんの連続取材記事を中心に各種の新情報が入るようになった。さらに二〇一七年に石井もと子さん主催のセミナーでヴィーニョ・ヴェルデの美しい変身ぶりに驚かされることになる。そうした刺激で執筆の決心がさらに強まったが、ポルトガル・ワインの本というと、どの出版社も売れ行き不安で二の足を踏んだ。ただ、『スペイン・ワイン』を二〇一五年に刊行した早川書房の山口晶さんの決断で、この本が陽の目を見ることになったのである。率直に言って、日本でポルトガル・ワインはチリやスペインに比べて長年にわたる木下インターナショナルの努力にもかかわらず売れ行きは低迷しているようである。それというのもポルトガル・ワインの華麗な変身ぶりが知られていないからである。今日、カリフォルニア・ワインの躍進ぶりは目ざましい。しかしポルトガルを含め旧世界のワインは、歴史によって磨かれたものだけに、新世界のワインが身にまとえない複雑さ、精妙さと洗練さというものがあり、日本人がその真髄を悟れば必ず定着するようになるはずである。

今は亡き増野正衛先生、《ヴィノテーク》の蛯沢さんをはじめとする新情報を発掘された諸兄、木下インターナショナルの関係者諸君、膨大な資料を見せてくださっただけでなく現地から写真を取りよせてくれた播磨屋の川西和也さん、私の汚筆原稿の入力に労をいとわなかった花井克仁さんと我孫子幸代さん、本書の出版に声援を送ってくださったポルトガル日本大使館の高岡千津さん、四宮信隆元ポルトガル大使、日本ポルトガル協会の宮川安芸良さんなど、みなさんとともに本書の出版を悦びあいたい。

二〇二〇年十二月吉日

山本　博

付録1　参考文献

『ポルトガルの歴史（ケンブリッジ版 世界各国史）』
デビッド・バーミンガム／高田有現、西川あゆみ訳／創土社／2002年

『ポルトガルの歴史』
アナ・ロドリゲス・オリヴェイラ、アリンダ・ロドリゲス、フランシスコ・カンタニェデ／A・H・デ・オリヴェイラ・マルケス校閲／東明彦訳／明石書店／2016年

『図説ポルトガルの歴史』
金七紀男／河出書房新社／2011年

『世界のワイン図鑑（ワールド・アトラス・オブ・ワイン）』
ヒュー・ジョンソン、ジャンシス・ロビンソン／腰高信子・寺尾佐樹子・藤沢邦子・安田まり訳／山本博監修／ガイアブックス／2014年

『地球の歩き方・ポルトガル（2018～19）』
ダイヤモンド・ビッグ社／2017年

「古くて新しい町、リスボンの今」
四宮信隆／《中央評論》301号特集「ヨーロッパ都市は今」中央大学出版部／2017年

「0（ゼロ）から学ぶ「日本史」講義」
出口治明／《週刊文春》2018年12月6日号

『*PORT*』
George Robertson／FABER & FABER／1978

『*WINE ROUTES：PORTUGAL*』
Duarte Calvão／Publicações dom Quixote／2000

付　録

『MADEIRA　マデイラ百選2016.04.01現在』パンフ（木下インターナショナル）

ヴィノテーク　1999年9月号　ポルトガル赤ワイン紀行（蛯沢登茂子）

ヴィノテーク　1999年11月号　ヴィンテージ・ポート（有坂芙美子）

ヴィノテーク　2010年3月号　ポルトガルワインの秘めた力（有坂芙美子）

ヴィノテーク　2011年10月号　ポルトガルワイン特集（蛯沢登茂子）

ヴィノテーク　2017年ヴィーニョ・ヴェルデ・セミナー（石井とも子）

ヴィノテーク　2018年2月号　今、熱いポルトガルワイン（蛯沢登茂子）

ヴィノテーク　2019年2月号　ポルトガルが世界を変えた（別府岳則、高橋佳子、稲垣敬子）

機関誌Sommelier　No.133（2013年）　マデイラ最新情報（情野博之）

機関誌Sommelier　No.147（2015年）　激動のポルトガルワイン（星山厚豪）

付録2　ポートの作柄

1811	★★★★★	1884	★★★★	1934	★★★★
1815	★★★★	1887	★★★	1935	★★★★★
1820	★★★	1890	★★★	1942	★★★
1834	★★★★★	1893	★★★	1944	★★★★
1837	★★★	1895	★★★	1945	★★★★★
1840	★★★	1896	★★★★	1947	★★★★
1847	★★★★★	1897	★★★★	1948	★★★★★
1851	★★★★	1900	★★★★★	1954	★★★
1853	★★★★	1904	★★★★	1955	★★★★★
1854	★★★	1908	★★★★★	1958	★★★★★
1858	★★★	1910	★★★	1960	★★★★
1863	★★★★★	1911	★★★	1963	★★★★★
1868	★★★★	1912	★★★★★	1970	★★★★★
1869	★★★	1917	★★★	1977	★★★★★
1870	★★★★★	1920	★★★★	1980	★★★
1873	★★★	1922	★★★	1982	★★★★
1875	★★★★	1924	★★★★	1983	★★★★
1877	★★★	1927	★★★★★	1985	★★★★
1878	★★★★★	1931	★★★★★		
1881	★★★	1933	★★★		

傑作★★★★★　非常に秀逸★★★★　優良★★★

Michael BROADBENT『*Vintage Wine*』より

付録3　ポート・カンパニー

（《ヴィノテーク》1999年11月号）

A.A.Calem　カレム
1859年創業40haの畑に新植、テーブルワインも家族企業

A.A.Ferreira　フェレイラ
果樹栽培家が18世紀にワインビジネスに参入。4キンタの畑は150ha、バルカ・ヴェーリアで有名

Adriano Ramos Pint　ラモスピント
1880年創業、ドウロワインの新開拓者、高品質ポート、現在ルイ・レドールの所有

Barros Almeida　バロス・アルメイダ
1913年創業、アルメイダがバロスと結婚して共同経営。単一ヴィンテージで有名

Borges　ボルゲス
1884年にボルゲス兄弟が創業、マッチも販売、ブラジル向けワインで成功

J.W.Burmester　バーメスター
1730年ロンドンにバーメスターをヘンリー・バーメスターとジョン・ナッシュが創業、畑は120ha、キンタ・カルモ所有

Cockburn Smithes　コックバーン・スミス
1815年3家族が創業、畑は55ha、後に300ha、王冠の宝石とよばれるキンタ・カナイスも所有

Croft　クロフト
1678年ファイールが輸出を始め、1736年にクロフトが参加、最大のキンタ・ダ・ロエダも所有

Daw　ダウ

1798年ポルトガル人のシルヴァが創業、1912年シミントン家が参加、所有畑は76ha

Fonceca Guimaraens　フォンセカ・ギマラエンス

1822年ギマラエンスが輸出を始める、3つのキンタを所有
1948年からティラーグループに入る

Girbert　ギルベール

1962年からバーメスターの子会社、高品質ポートを販売

W&J.Graham　グラハム

1820年創業、1970年にシミントン家が買収、畑は146ha
キンタ・マルヴェイドスを所有

Martinez Gossiot　マルティネス・ガッシオト

1790年ロンドンでシェリーを売っていたスペイン人マルティネスが創業、後にガッシオトが参加

Niepoort　ニーポート

1842年オランダのニーポート家が創業、樽熟成の高品質コリェイタで知られる

Quinta de Noval　キンタ・デ・ノヴァル

キンタで壜詰めまで行って輸出した先駆者、ポルトガルの家族所有だったが、1993年にフランスのAXAが買収

Osborne　オズボルネ

1772年にスペインのカデイスで英国人オズボルネが創業、後にポートに進出

Port Posas　ポルト・ポサス

1918年にポサスが創業、現在は家族経営、キンタ・サンタバーベラ所有

Real Companhia Velha　レアル・カンパニア・ヴェーリア

1756年王令で設立した「ドウロ上流葡萄農業公社」が民営化した

Sandeman　サンデマン

ポルトガルマントにスペイン帽をかぶったドンのマークのシェリーは有名。ポートもつくる

Taylor, Fladgate & Yeatman　テイラー・フラドゲイト・イートマン

1692年創業の会社に3家族が参加、キンタ・ヴァラジェラスは有名

Warre's　ウオーズ

1670年英国人が創業した最初のポート商社。1905年シミントンが参加、後に所有

Wies & Krohm　ウイズ・アンド・クローン

ポルトガルで干しダラを売っていたノルウェー人が1865年に創業。現在はカネイロ家が所有

付録4　ポルトガルワイン取扱会社一覧（五十音順）

アサヒビール（株）
東京都墨田区吾妻橋 1-23-1　0120-011-121

（株）アデカ
千葉県柏市北柏 3-5-5-102　0471-65-1234

（株）アルカン
東京都中央区日本橋蛎殻町 1-5-6　盛田ビルディング
0120-982-528（オンラインショップ「グランクイジーヌ」）

イオンリカー（株）
千葉県千葉市美浜区中瀬 1-4
047-328-6725（AEON de WINE カスタマーサービス）

出水商事（株）
東京都板橋区板橋 1-12-8　03-3964-2272（注文・お問い合わせ）

（株）稲葉
愛知県名古屋市千種区今池 5-9-12　052-301-1441

（株）ヴィントナーズ
東京都港区虎ノ門 3-18-19　UD 神谷町ビル 5F　03-5405-8368（東京本社）

エトワール海渡リビング館
東京都中央区日本橋馬喰町 1-7-16　03-3661-1111（大代表）
https://etoile.co.jp/contact/

エノテカ（株）
東京都港区南麻布 5-14-15　0120-81-3634

（株）オーデックス・ジャパン
東京都港区高輪 4-1-22　03-3445-6895

カーヴドリラックス
東京都港区西新橋 1-6-11　03-3595-3697（本店）

（有）カツミ商会
神奈川県横浜市中区山下町 23　日土地山下町ビル 4 F
045-226-2253（業務用卸売事務所）／045-226-2243（直営小売店サンタムール）

（株）岸本
大阪府大阪市中央区南船場 2-6-3　第 2 BS ビル 5F　06-4705-4321（代表）

木下インターナショナル（株）
東京都中央区入船 2-2-14　U-AXIS 6F　03-3553-0721（東日本販売、本社）

（株）KOBE インターナショナル
兵庫県神戸市東灘区御影郡家 2-15-6-302　078-854-7270

サントリーワインインターナショナル（株）
東京都港区台場 2-3-3　0120-139-380（お客様センター）

重松貿易（株）
大阪府大阪市中央区淡路町 2-2-5　06-6231-6081

（有）シミズ
滋賀県長浜市高田町 11-4　0749-62-7373（ワインショップ レバンテ）

（株）スマイル
東京都江東区潮見 2-8-10　潮見 SIF ビル 4F　03-6731-2400

（株）正光社
東京都江東区亀戸 4-40-11　03-3683-2811（ワイン事業部）

（株）成城石井

神奈川県横浜市西区北幸 2-9-30　横浜西口加藤ビル 5F
0120-141-565（お客様相談室）

大榮産業（株）

愛知県名古屋市中村区本陣通 4-18　052-482-7231（酒類部）

（株）ティーワイトレーディング

東京都目黒区自由が丘 2-9-10　自由が丘ミッテ 601　03-5731-5280

ドーバー洋酒貿易（株）

東京都渋谷区上原 3-43-3　03-3469-2111

（株）都光

東京都台東区上野 6-16-17　朝日生命上野昭和通ビル 1F　03-3833-3541（代表）

豊通食料（株）

東京都港区港南 2-3-13　品川フロントビル 17F　03-4306-8541（代表）

日本リカー（株）

東京都中央区日本橋小網町 2-5　キリン日本橋ビル　03-5643-9780（大代表）

（株）ノルレェイク・インターナショナル

神奈川県横浜市中区相生町 6-104　横浜相生町ビル 7F
045-306-7038（酒類販売部）

パシフィック洋行（株）

東京都中央区八丁堀 2-21-6　八丁堀 NF ビル 7F　03-5542-8034（ワイン事業部）

（株）八田

東京都大田区大森北 1-23-7-2F　03-3762-3121（ワイン事業部）

（有）播磨屋

東京都八王子市明神町 4-6-12-3F　042-673-7108

（株）プレス・オールターナティブ
東京都目黒区三田 2-7-10-102　03-3791-2147（代表）

ペルノ・リカール・ジャパン（株）
東京都文京区後楽 2-6-1　住友不動産飯田橋ファーストタワー 34F
03-5802-2756（お客様相談室）

マデイラジャパン（株）
東京都中央区新富 1-16-8　新富町営和ビル 5F　03-3551-0571

三国ワイン（株）
東京都中央区新川 1-17-18　03-5542-3939（本社代表）
03-5542-3940（本社営業）

ミリオン商事（株）
東京都江東区東陽 5-26-7　03-3615-0411（代表）

（株）ミレジム
東京都千代田区神田司町 2-13　神田第 4 アメレックスビル 7F
03-3233-3801（ワイン事業部）

（株）明治屋
東京都中央区京橋 2-2-8　03-3271-1136（商品事業本部酒類事業マーケティング部）

（株）メルカード・ポルトガル
神奈川県鎌倉市笹目町 4-6　0467-24-7975

メルシャン（株）
東京都中野区中野 4-10-2　中野セントラルパークサウス
0120-676-757（お客様相談室）

MHD　モエ ヘネシー ディアジオ（株）
東京都千代田区神田神保町 1-105　神保町三井ビル 13F

（株）モトックス
大阪府東大阪市小阪本町 1-6-20　0120-344-101（お客様相談室）

(株) ラック・コーポレーション

東京都港区赤坂3-2-12　赤坂ノアビル8F　03-3586-7501

リカーマウンテン

京都府京都市下京区四条通高倉西入ル立売西町82　京都恒和ビル4F

0120-050-177（セラー専科、公式オンラインショップ）

付録５
ちょっと便利 知っておくと良いポルトガル語

açúcar［アスーカル］…………砂糖
aguardente［アグアルデンテ］…………蒸留酒
alface［アルファース］…………レタス
alho［アーリョ］…………にんにく
amêijoa［アメイジョア］…………はまぐり
arroz［アローシュ］…………米
assado［アサード］…………焼いた
atum［アトゥン］…………まぐろ
azeite［アゼイテ］…………オリーブ油
badejo［バデージョ］…………タラの一種
batata［バタータ］…………ジャガイモ
batata-doce［バタータドース］…………さつまいも
bebida［ベビーダ］…………飲み物
cabeça［カベッサ］…………頭
caldeirada［カルデイラーダ］…………魚介の煮込み
camarão［カマラオン］…………えび
carapau［カラパウ］…………あじ
caril［カリール］…………カレー
carne［カルネ］…………肉
carpa［カルパ］…………鯉
casca［カシカ］…………皮，殻
cavala［カヴァーラ］…………さば
cebola［セボーラ］…………玉ねぎ
cenoura［セノーラ］…………人参
cerveja［セルヴェージャ］…………ビール
chá preto［シャープレート］…………紅茶
coelho［コエリョ］…………うさぎ
colher［コリェール］…………スプーン
congro［コングロ］…………あなご

conta［コンタ］…………勘定
couve［コーヴェ］…………キャベツ［原種］
cozido［コズィード］…………肉や野菜のシチュー
eiró［エイロ］…………うなぎ
entrada［エントラーダ］…………前菜
faca［ファッカ］…………ナイフ
fava［ファーヴァ］…………そら豆
fiambre［フィアンブレ］…………加工ハム
gamba［ガンバ］…………えびの一種
garfo［ガルフォ］…………フォーク
garrafa［ガラッファ］…………壜
gasosa［ガゾーザ］…………炭酸水
gelo［ジェーロ］…………氷
guisado［ギザード］…………煮込み，シチュー
hortaliça［オルタリーサ］…………野菜
lagosta［ラゴシュタ］…………伊勢えび
laranja［ラランジャ］…………オレンジ
legume［レグーメ］…………野菜
leite［レイテ］…………牛乳
limão［リマオン］…………レモン
lula［ルーラ］…………いか
maçã［マッサ］…………りんご
manteiga［マンテイガ］…………バター
mel［メル］…………はちみつ
melancia［メランシーア］…………すいか
melão［メラオン］…………メロン
milho［ミーリョ］…………とうもろこし
morango［モランゴ］…………いちご
nabo［ナボ］…………かぶ
noz［ノーシュ］…………くるみ，ナッツ
ostra［オシュトラ］…………かき，牡蠣
ouriço-do-mar［オウリッソドマール］…………うに，雲丹
ovo［オヴォ］…………卵
pão［パオン］…………パン
pargo［パルゴ］…………たい，鯛
peixe［ペイシュ］…………魚

pepino［ペピーノ］…………きゅうり
perna［ペルナ］…………脚
picante［ピカンテ］…………辛い
pimenta［ピメンタ］…………こしょう，オールスパイス
pimento［ピメント］…………ピーマン
polvo［ポルヴォ］…………たこ
porco［ポルコ］…………豚
queijo［ケイジョ］…………チーズ
rã［ラン］…………かえる
rabo［ラボ］…………尾
raia［ライア］…………エイ
raiz［ライーシュ］…………根
refeição［レフェイサオン］…………食事
repolho［レポーリョ］…………キャベツ
robalo［ロバーロ］…………すずき
rum［ルン］…………ラム酒
safio［サフィーオ］…………あなご
sarda［サルダ］…………さば
sardinha［サルディーニャ］…………いわし
sangue［サング］…………血
salsicha［サルシーシャ］…………ソーセージ
sapateira［サパテイラ］…………かに
seco［セッコ］…………乾いた，辛口の
sésamo［セザモ］…………ごま
snack-bar［スネックバール］…………軽食店
soja［ソージャ］…………大豆
solha［ソーリャ］…………かれい
sopa［ソーパ］…………スープ
tenro［テンロ］…………（肉が）柔らかい
tosta［トシュタ］…………トースト
tripa［トリッパ］…………腸，もつ煮込み
truta［トルータ］…………ます
uva［ウヴァ］…………ぶどう
vaca［ヴァッカ］…………牛肉
vinho［ヴィーニョ］…………ぶどう酒
vitela［ヴィテーラ］…………子牛

付録6　ポルトガルワインが買える店・飲める店

☆ワインが買える店

木下インターナショナル（株）
東京都中央区入船2丁目2-14　U-AXIS 6F　03-3553-0721（東京本社）
京都府京都市南区上鳥羽高畠町56　075-681-0721（京都支社）
福岡県福岡市博多区博多駅前4丁目7-26　ローヤルマンション博多駅前1F-1　092-473-7915（福岡オフィス）

播磨屋（有）
東京都八王子市明神町4丁目6-12-3F　042-673-7108

カーヴドリラックス
東京都港区西新橋1丁目6-11　03-3595-3697

東急百貨店　本店
東京都渋谷区道玄坂2丁目24-1　03-3477-3111

せきや
東京都国立市中1丁目9-30　042-576-3111

☆ワインが飲める店

マヌエル・コジーニャ・ポルトゲーザ
東京都渋谷区松濤1丁目25-6　パークサイド松涛1F　03-5738-0125

マヌエル・カーザ・デ・ファド
東京都千代田区六番町11-7　アークスアトリウムB1F　03-5276-2432

マヌエル タスカ ド ター リョ 丸の内店
東京都千代田区丸の内3丁目3-1　新東京ビルB1F　03-5222-5055

付　録

マヌエル　マリシュケイラ
東京都中央区日本橋2丁目5-1　日本橋高島屋S.C.新館7F　03-6262-3233

ヴィラモウラ銀座本店
東京都中央区銀座6丁目2-3　ダイワ銀座アネックスB1F　03-5537-3513

クリスチアノ
東京都渋谷区富ヶ谷1丁目51-10　プリティパインビル1F　03-5790-0909

マル・デ・クリスチアノ
東京都渋谷区富ヶ谷1丁目3-12　サンシティ富ヶ谷4F　03-6804-7923

マデイラエントラーダ
東京都中央区銀座7丁目6-19　ソワレ・ド・銀座弥生ビルB1F　03-6264-5700

永福町ボタアルタ
東京都杉並区永福4丁目6-2　1B　080-9407-9676

食堂ヒゲ
東京都目黒区青葉台3丁目10-11　青葉台フラッツ101　03-6455-0894

酒飯 清浄
東京都杉並区高円寺北1丁目3-2　03-3388-9750

レアンドロ
東京都豊島区北大塚2丁目8-6　第二不二ハイツ1F　03-3576-5778

東京オイスターバー＆カフェ白金店
東京都港区白金1丁目29-14　03-5422-8711

鮨裕（すしゆたか）
神奈川県茅ヶ崎市中海岸1丁目2-33　0467-39-5325

メルカド
神奈川県鎌倉市大船1丁目18-12　0467-47-2828

餃子とバル310
　茨城県水戸市桜川2丁目5-7　井本ビル1F　029-225-0310

カフェ・ド・セラ
　群馬県太田市東本町27-6　0276-22-6890

Bar Saude
　青森県八戸市大字堤町4-3　0178-38-9019

バーグラスハート
　北海道札幌市中央区南2条東1丁目1-8　エムズイースト2 2F　070-5287-8010

カステラ ド パウロ
　京都府京都市上京区御前通り今小路上がる馬喰町897　蔵A　075-748-0505

Bar Borracho（バル ボラーチョ）
　大阪府茨木市双葉町9-13　フタバアレイビル1F　072-657-9614

セルベセリア・ハポロコ　茨木店
　大阪府茨木市駅前1丁目4-6　ソアラビル1F　072-609-0461

Lisboa
　大阪府大阪市中央区本町4丁目8-8　篠福ビル1階　06-7494-9592

Casa da Andorinha
　大阪府大阪市西区阿波座1丁目15-18　西本町クリスタルビル1F
　06-6543-1331

カフェ&バーかまねこ
　兵庫県宝塚市川面3丁目23-5-3　村上ビル1F　0797-81-1123

BAR CAVERNA　バー カヴェルナ
　東京都新宿区荒木町3-9　田村ビル1F　03-6384-1737

ぽるとがる酒場 Piripiri
　東京都千代田区神田駿河台3丁目7-5　駿河台ビル2F　03-5577-6070

Café e bar copo do dia（コッポ ド チーア）
東京都杉並区西荻北 4 丁目 26-10　山愛コーポラス 103　03-3399-6821

ポルトガル食堂　casa do Fernand（カーザ・ド・フェルナンド）
長野県松本市中央 1 丁目 23-2　M ウイング北棟 1F　0263-32-8818

付録7　ポルトガルの食事と料理

日本と同じ海洋民族のポルトガル人は魚をよく食べるが、刺身のような生ものは重視しない。そのかわり料理方法は多種・多様。また魚といっても特色は干しダラ。これはポルトガルの重要な輸出品である（キリスト教では荒野のイエスを記念する四旬節に肉を食べないから、かわりに干しダラを良く食べる。その後が謝肉祭《カーニヴァル》である）。都市に様々なレストランがあるが、それ以外にセルヴェジャリア（ビヤホール）とタスカ（居酒屋）、スペインと同じ名のバールもあり、軽い食事とワインが飲める。

前菜（エントラーダ Entrada）

おつまみの定番と言えるのが**パスティス・デ・バカリャウ** Pasteis de Bacalhau。タラとマッシュポテトを混ぜフットボールのような形に素揚げしたもの。**リッソイス・デ・カマラオン** Rissois de Camarão は海老クリーム・コロッケ。**パタニスカス** Pataniscas はかき揚げの元祖的存在。

スープ、ソッパ Sopas

異色のスープと言えるのが**カルド・ヴェルデ** Caldo Verde。もとはミーニョ地方のものだったが、今はごくポピュラーになったエメラルド・グリーン色のスープ。ポテトスープをベースに青キャベツの千切りを加えて煮込んだもの。**アソルダ** Açorde は棒タラの煮汁がベースでそれにパンと卵を加えたもの。**カンジャ** Canja はチキンスープに米を加えたもの。まさに日本のオジヤ。

魚料理 Peixe（貝・甲殻類はマリスコ Marisco）

ポルトガルの代表的魚料理は**バカリャウ** Bacalhau と呼ばれるタラ料理。いろいろヴァリエーションがあるが、**バカリャウ・ア・ブラーズ** Bacalhau á Bráz はほぐしたタラと玉葱《ねぎ》を炒めポテトの千切りフライと混ぜ合わせたもの。

バカリャウ・コン・ナタス Bacalhau com Natas はタラのクリーム・グラタン。日本人がしびれる鰯《いわし》の塩焼きはポルトガルにもあって、呼び名は**サルディーニャス・アサーダス**になる。海辺町へ行くとお目にかかれる。

ハマグリ・ベーコン・サラミなどを白ワインで蒸し焼きにした「鍋料理」の代表が**カタプラーナ** Cataplana。魚介類をふんだんに使った**アロース・デ・マリスコス** Arroz de Mariscos はポルトガル風シーフード・リゾット。また、魚介類や野菜とトマト味で煮込んだシチューは**カルディラーダ** Caldeirada。鮟鱇《あんこう》鍋は**アロース・デ・タンボリル** Arroz de Tamboril。鰻《うなぎ》のシチューは**エンソパード・デ・エンギア** Ensopado de Enguia。

肉料理（カルネ Carne）

素材は牛肉・豚肉・兎《うさぎ》肉・羊肉・鶏肉・家鴨《あひる》肉・鶫《つぐみ》肉・七面鳥肉など多種多様。多種の肉・野菜・腸詰めなどを数時間煮込んだポルトガル風ポトフは**コジード・ア・ポルトゲーサ** Cozide á Portuguesa。アレンテージョ地方の名物料理と言えば**カルネ・デ・ポルコ・ア・アレンテジャーナ** Carne de Porco á Alentejana で豚肉とアサリを炒めワインやコリアンダーで味をととのえたもの、臓物のポルトガル風煮込みは**トリッパス・ア・モーダ・ド・ポルト** Tripas á Mada do Porto。ちょっと変ったところで鴨《かも》御飯天火焼と言えるのが**アロース・デ・パット** Arroz de pato。旅行する日本人にありがたいのはお米を使った料理が多いことである。

チーズ（ケイジョ Queijo）

ケイジョ・ダ・セラ Queijo de Serra はポルトガル人御自慢のエストレーラ山脈地方特産の羊のチーズ。**ケイジョ・ダ・イーリア** Queijo da Ilha はアゾレス諸島の中のサン・ジョルジェ島の名物チーズで特有の風味がある。滑らかでコクがあるので人気があるチーズは**ケイジョ・デ・セルパ** Queijo de serpa でこれは羊のチーズ。

デザート（ソブレメーザ Sobremesa）

ポルトガルでポピュラーなデザートのひとつは**アロース・ドーセ** Aroz Doce。

ポルトガルでお菓子の総称はドーセでDoceは甘い意味だが、アロース・ドーセはミルクと卵を加えた米のプディング。シナモンをふりかける。**パーリヤ・デ・アブランテス**Palha de Abrantesは日本の卵素麺《そうめん》のルーツであり、パン・デ・ローPão de Lóはカステラの元祖。**ケイジャーダ**Queijadaはいわばチーズ・タルト。**パステル・デ・ナタ**Pastel de Nataはエッグ・タルト。**ボーロ・デ・アローシュ**Bolo de Arrozは米粉を使ったカップケーキ。**ミニ・トルタ**Mini Tortaは小さなロールケーキ。

協　力

木下インターナショナル株式会社

有限会社 播磨屋

ポルトガルワイン協会 日本事務局

ポルトガル・ワイン

二〇二一年一月二十日　印刷
二〇二一年一月二十五日　発行

著者　山《やま》本《もと》博《ひろし》

発行者　早川浩

発行所　株式会社　早川書房

郵便番号　一〇一・〇〇四六
東京都千代田区神田多町二ノ二
電話　〇三・三二五二・三一一一
振替　〇〇一六〇・三・四七七九九
https://www.hayakawa-online.co.jp

定価はカバーに表示してあります

©2021 Hiroshi Yamamoto
Printed and bound in Japan

印刷・株式会社精興社　製本・大口製本印刷株式会社

ISBN978-4-15-209998-3 C0077

乱丁・落丁本は小社制作部宛お送り下さい。
送料小社負担にてお取りかえいたします。

本書のコピー、スキャン、デジタル化等の無断複製は著作権法上の例外を除き禁じられています。

ハヤカワ・ノンフィクション

スペイン・ワイン

大滝恭子・永峰好美・山本博

46判並製

今が飲みごろ！
日本にも定着したスペイン・ワインを知るための最良の一冊。

革命的進化を遂げたスペイン・ワインの歴史、主要産地、生産者、ブドウ品種を網羅的に解説する、プロ・アマ必携のガイドブック。生産者／ワイン用語／レストラン／関連書籍リスト、スペイン原産地呼称マップを付録として収録。『ポルトガル・ワイン』の姉妹篇。